감자 재배

POTATO

국립식량과학원 著

감자
재배

CONTENTS

제1장 감자의 고향과 전래

16 | 1. 감자의 기원
18 | 2. 감자의 전래

제2장 감자재배 현황과 전망

24 | 1. 세계의 감자생산
26 | 2. 우리나라 감자재배 현황
29 | 3. 감자산업 전망
30 | 4. 감자산업 발전방향

제3장 감자의 생태적 특성

36 | 1. 감자의 식물학적 분류 및 분포
38 | 2. 생육 특성

제4장 감자의 생장과 발육

48	1. 생장 및 발육단계
57	2. 덩이줄기의 휴면과 생리적 서령
62	3. 생장단계별 관리요령
68	4. 생육단계와 환경

제5장 감자의 주요 성분과 품질

76	1. 덩이줄기의 성분
84	2. 덩이줄기의 이용과 품질
89	3. 품질판정 기준

제6장 감자 육종과 주요 품종

94	1. 감자 육종의 발달사
97	2. 영양번식작물로서 감자의 특성
98	3. 주요 감자 품종 육성방법
101	4. 감자 품종과 특성
103	5. 품종 육성 체계
105	6. 우리나라 주요 재배 품종의 특성

CONTENTS

제7장 가꿈꼴(작형)별 재배 기술

146 │ 1. 봄재배
157 │ 2. 가을재배
162 │ 3. 여름재배
166 │ 4. 겨울시설재배
176 │ 5. 기계화 생력재배

제8장 씨감자 생산재배

184 │ 1. 채종재배의 필요성
186 │ 2. 채종재배 환경
188 │ 3. 씨감자 생산체계와 민영화
190 │ 4. 씨감자 생산기술
193 │ 5. 조직배양
197 │ 6. 기내소괴경 생산
202 │ 7. 수경재배에 의한 씨감자 생산

제9장 수확 후 관리

216 │ 1. 수확작업
221 │ 2. 상처치유(Curing)
223 │ 3. 선별 및 포장
225 │ 4. 저장

제10장 감자 병해충과 방제

230 | 1. 곰팡이병
248 | 2. 세균병
255 | 3. 바이러스병
264 | 4. 생리장해
269 | 5. 충해
282 | 6. 잡초

제11장 감자로 만든 음식

288 | 1. 감자의 영양적 가치
292 | 2. 감자를 이용한 요리

감자 품종

■ 1기작 식용 품종

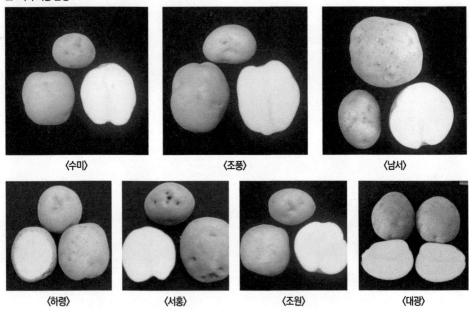

〈수미〉 〈조풍〉 〈남서〉

〈하령〉 〈서홍〉 〈조원〉 〈대광〉

■ 기능성 컬러감자

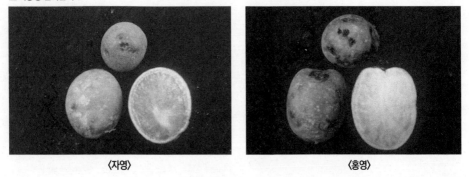

〈자영〉 〈홍영〉

감자 품종

■ 2기작 식용 품종

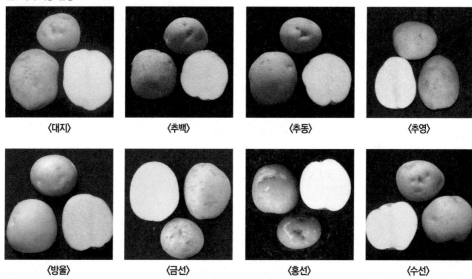

〈대지〉   〈추백〉   〈추동〉   〈추영〉

〈방울〉   〈금선〉   〈홍선〉   〈수선〉

■ 감자칩 가공용 품종

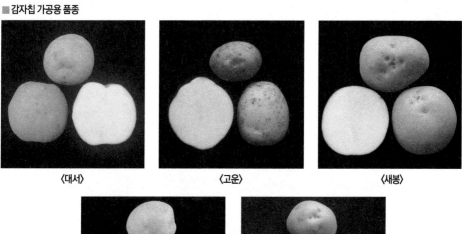

〈대서〉   〈고운〉   〈새봉〉

〈만강〉   〈은선〉

감자 재배 기술

〈가을감자 산광싹틔우기〉

〈적당한 싹기르기〉

〈씨감자 절단〉

〈씨감자 심기(파종)〉

〈겨울시설재배 심기(파종)〉

〈봄감자 PE필름 멀칭재배〉

〈겨울시설재배〉

〈감자 수확〉

〈상처 치유와 선별〉

씨감자 생산

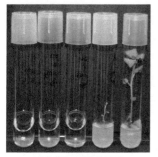

〈감자 생장점 배양 및 증식〉

〈조직배양묘 증식 배양〉

〈생물반응기를 이용한 증식 배양〉

〈경삽묘 생산〉

〈수경재배를 이용한 씨감자 생산〉

〈수경재배 씨감자〉

〈배지경을 이용한 씨감자 생산〉

〈배지경에서 생산된 소괴경〉

〈수경재배 소괴경 녹화〉

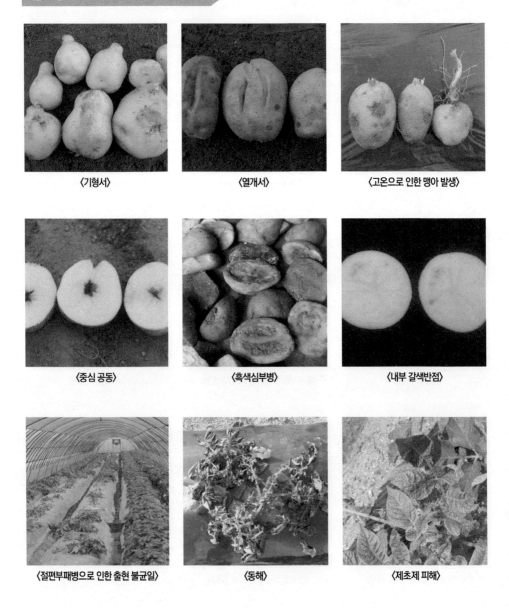

〈기형서〉

〈열개서〉

〈고온으로 인한 맹아 발생〉

〈중심 공동〉

〈흑색심부병〉

〈내부 갈색반점〉

〈절편부패병으로 인한 출현 불균일〉

〈동해〉

〈제초제 피해〉

주요 병해충

■ 검역 병해충과 세균병

〈풋마름병 피해〉

〈무름병〉

■ 해충과 바이러스 피해

〈응애 피해〉

〈파밤나방〉

〈괴경에 나타난 PVY 증상〉

■ 곰팡이병

〈감자 마른썩음병〉

〈감자 반쪽시들음병〉

〈검은무늬썩음병으로 인한 잎말림〉

〈잿빛곰팡이병〉

〈역병에 걸린 감자 잎〉

〈가루더뎅이병의 뿌리혹〉

제1장
감자의
고향과 전래

남아메리카 안데스산맥 중부 고원지대는 감자의 원산지로 알려져 있으며 잉카제국에서는 말린 감자(추뇨)를 공물로 거두어 기근에 대비하기도 했다. 1570년경 스페인 사람들을 통해 유럽에 감자가 소개되었으며, 우리나라에는 순조 24년 청나라 사람이 가져왔다고 기록되어 있다.

1. 감자의 기원
2. 감자의 전래

01 감자의 기원

남아메리카 안데스산맥 중부 고원지대에서 많은 종류의 야생종 감자가 분포하는 것으로 볼 때 이 지역이 감자의 원산지로 알려지고 있지만, 한편으로는 1만 3천 년 전부터 칠레 해안을 따라 자라는 야생감자가 안데스산맥으로 유입되었을 것이라고 믿는 과학자들도 있다.

감자 관련 유물로는 남아메리카 페루 북부해안 지역의 잉카문명 유적지에서 발견된 감자 덩이줄기*형태의 초기 조형물이 가장 오래된 것으로서, 이 유물을 기초로 4세기 무렵에 이미 이 지역에서 감자가 재배되었을 것으로 추측하고 있다.

16세기경 이 지역을 침략한 스페인 사람들에 따르면 그들이 도착했을 때 이미 원주민들은 감자를 길러 먹고 있었으며, 감자를 Imoza, Iomuy, Papa 등으로 부르고 있었다고 한다.

스페인 작가 페드로 데 시에자 데 레온(Pedro de Cie-za de Leon)이 1533년 발간한 〈페루 역사〉에 따르면 당시 잉카제국은 기근에 대비해서 말린 감자(추뇨, Chuno)를 공물로 거두어 들였으며 만일 "말린 감자가 없었다면 기근으로 죽은 사람들이 셀 수도 없었을 것"이라고 하였다. 또한 스페인 정복자들은 이러한 지식을 악용해서 은광이

발견되었을 때 말린 감자인 추뇨를 생산했다. 그 후 노예와 다를 바 없는 광부들에게
말린 감자를 되판 돈으로 금의환향한 사람들이 많았다고 한다.

02 감자의 전래

감자는 1570년경 스페인 사람들을 통해서 유럽에 소개되었는데 이는 유럽인들이 감자를 처음 본 뒤로부터 무려 30년이 지나서였다. 그리고 3년 후 감자는 세비야 병원 환자들에게 급식됨으로써 유럽에서의 첫발을 내디뎠다고 한다. 그러나 당시 유럽인들은 감자를 일종의 악마로 보았으며 나병을 일으킨다는 소문까지 퍼져 만지기조차 꺼렸기 때문에 인구 증가와 전쟁으로 식량이 부족하여 굶주려도 먹으려고 하지 않았다.

감자가 유럽에서 본격적으로 재배되기 시작한 것은 감자를 들여온 지 약 200년 뒤인 1700년대 후반부터라고 한다. 특히 아일랜드 사람들은 빈약하나마 감자가 실직, 빈곤, 인구 과잉, 토지 부족의 대비책이 될 수 있겠다 생각하여 1780년경부터 감자를 대규모로 재배하게 되었다.

감자는 그 후 유럽에서 여러 나라들로 퍼져나가 우리나라에는 순조 24년(1824년) 산삼을 캐러 함경도에 들어왔던 청나라 사람이 가져왔다고 기록되었다(이규경, '오주연문장전산고(五洲衍文長箋散稿)', 1850년). 이에 따르면 "북저(北藷)는 토감저(土甘藷)라 하며, 순조 24~25년에 관북(關北)인 북계(北界)에서 처음 전해진 것으로 청나라 채삼자(採蔘者)가 우리 국경에 몰래 침입하여 산골짜기에 감자를 심어 놓고 먹었는데, 그 사람들이 떠난 후에 이것이 많이 남아 있었다. 잎은 순무 같고 뿌리는 토란과 같다. 무엇인지 알 수 없으나 옮겨 심어보니 매우 잘 번식했다. 청나라 상인에 물어보니 북방감저(北方甘藷)라는 것으로 좋은 식량이 된다"고 기록되어 있다. 또 "임진년(1832년)에 영국 배가 충청도 홍주목 고대도에 표착하였을 때도 선원들이 감자를 그곳에 전하였다"라는 기록도 있다.

한편 조성묵(趙性黙)이 1832년(순조 32년)에 지은 '원저방(圓著方)'에 의하면 "우리나라에 감자가 처음 들어오기는 북개시(北開市)의 영고탑(寧古塔)이니 이것을 북감저(北甘藷)라 부르고 본래 중국의 서남쪽이 원산지인데, 여기에서 서쪽으로 또 북쪽으로 전파되었으며, 마침내 동쪽으로까지 전해진 것이다"라고 기록되어 있다. 이 기록에는 감자의 전래 시기가 명확히 기록되어 있지 않지만, 이에 따르면 우리나라의 재래종 감자가 북방으로부터 전래되었음을 확인할 수 있다.

또한 서경창(徐慶昌)이 1813년에 지은 것으로 기록된 '감저경장설(甘藷耕藏說)'에 의하면 신종민(申種敏)이 1830년에 북관6진에서 감자 몇 개를 가져왔다는 기록이 있어 감자의 북방전래설을 뒷받침해주고 있다. 김창한(金昌漢)이 1862년에 지은 '원저보(圓藷譜)'에 의하면 "북방으로부터 감자가 이 땅에 들어온 지 7~8년 지난 순조 32년(1832년)에 영국의 상선 '로드 앰허스트(Lord Amherst)'호가 전북 해안에 약 1개월간 머물고 있었는데, 이 배에 타고 있었던 네덜란드 선교사 귀즐라프(Charles Gutzlaff)가 김창한의 아버지에게 씨감자를 주면서 그 재배법을 가르쳐 주었기에 감자를 재배하게 되었다"고 하였다. 김창한은 아버지가 감자 재배법을 습득하여 전파한 내력과 재배법을 편집하여 30년 후인 1862년 '원저보'를 세상에 내놓았다.

한편 1912년 '조선농회보' 7월호에는 감자에 관하여 다음과 같이 기록되어 있다. "조선에서 감자재배가 근년에 시작된 것이 아님은 일반으로 인정하는 바이지만 그 역사가 확실하지 않다. 함경북도의 조 참여관(趙 參與官)이 말하기를, 1873년 조선팔도가 일대 천재를 입어 여름까지 비가 내리지 않아서 파종이 늦어진 데다 음력 8월 11일에는 팔도에 첫서리가 내려서 농작물이 전멸하였다. 다음 해에 감자가 비로소 들어왔는데, 이것이 중국을 통하여 들어온 것인지 선교사가 직접 수입한 것인지 알 수 없다. 서울에는 1879년에 선교사가 들어왔고, 1883년경에는 선교사의 손을 거쳐 감자가 재배되기에 이르렀다"고 한다.

〈표 1-1〉 감자 전래에 관한 역사개요

문헌명	저자	발행연도	전래시기
원저방	조성묵	1832	?
오주연문장전산고	이규경	1850년경	1824~1825(순조 24~25년)
감저경장설	서경창	1813년경	1830
원저보	김창한	1862	1832
조선농회보(7월호)	조선농회보	1912	1883

제1장 감자의 고향과 전래

▶ 감자 관련 유물로는 남아메리카 페루 북부해안 지역의 잉카문명 유적지에서 발견된 감자 덩이줄기 형태의 초기 조형물이 가장 오래된 것으로서, 이 유물을 기초로 4세기 무렵에 이미 이 지역에서 감자가 재배되었을 것으로 추측하고 있다.

▶ 잉카제국은 기근에 대비해서 말린 감자(추뇨, Chuno)를 공물로 거두어들였다.

▶ 감자는 1570년경 스페인 사람들을 통해서 유럽에 소개되었다.

▶ 유럽에서 본격적으로 감자가 재배되기 시작한 것은 감자를 들여온 지 약 200년 뒤인 1700년대 후반부터이다.

▶ 아일랜드 사람들은 빈약하나마 감자가 실직, 빈곤, 인구과잉, 토지부족의 대비책이 될 수 있겠다고 생각했으므로 1780년경부터 감자를 대규모로 재배하게 되었다.

▶ 감자는 그 후 유럽에서 여러 나라들로 퍼져나가 우리나라에는 순조 24년(1824년) 산삼을 캐러 함경도에 들어왔던 청나라 사람이 가져왔다고 기록되어 있다.

▶ "임진년(1832년)에 영국 배가 충청도 홍주목 고대도에 표착하였을 때도 선원들이 감자를 그곳에 전하였다"라는 기록도 있다.

▶ 1912년 '조선농회보' 7월호에는 "조선에서 감자재배가 근년에 시작된 것이 아님은 일반으로 인정하는 바이지만 그 역사가 확실하지 않다. 1874년에 감자가 비로소 들어왔는데, 이것이 중국을 통하여 들어온 것인지 선교사가 직접 수입한 것인지 알 수 없다. 서울에는 1879년에 선교사가 들여왔고, 1883년경에는 선교사의 손을 거쳐 감자가 재배되기에 이르렀다"고 실려 있다.

제2장
감자재배
현황과 전망

감자의 재배 면적은 옛날보다 줄어들었지만 새로운 품종의 육성과 씨감자의 품질
향상 그리고 재배 기술의 발달로 단위면적당 생산성이 높아져 총 생산량에서는 오
히려 증가하고 있다.

1. 세계의 감자생산
2. 우리나라 감자재배 현황
3. 감자산업 전망
4. 감자산업 발전방향

01 세계의 감자생산

감자는 전 세계 150여 개국에서 재배되며 연간 2억 4,000만
~3억 7,600만 톤 생산되고 있어서 생산량으로는 옥수수,
벼, 밀 다음으로 4위, 재배 면적으로는 8위를 차지하는 주
요 작물이다. 주요 생산국은 중국, 인도, 러시아, 우크라이
나, 미국, 독일 등인데, 전체 생산량 대비 중국 25.5%, 인도
12.0%, 러시아 8.0%, 우크라이나 5.9%, 미국 5.3%, 독일
2.6% 등이며 우리나라는 0.2%로 매우 적은 양이 생산되
고 있다. 전 세계 평균 1인당 연간 소비량은 나라별로 다르
지만 약 70kg 정도 된다. 지난 10년 동안 세계의 감자재배
면적은 1,900만~2,000만ha를 유지하고 있으며 지역적으
로 남아메리카를 제외한 아메리카, 오세아니아는 다소 감
소하였고, 유럽 전 지역에서는 현저히 감소하였다. 아프리
카 전 지역에서는 현저히 증가하였으며 서아시아를 제외한
아시아에서도 증가하였다. 아시아와 아프리카 국가들은 증
가폭이 컸다.

상업적인 생산면에서 아시아 국가는 거의 두 배로 증가하
였으며, 이들 생산량의 증가는 수량과 재배 면적의 증가
로 이루어지지만(아시아 지역), 오직 수량 증대에만 의존
하는 지역(유럽, 북미, 라틴아메리카)과 재배 면적 증대에
의해서만 이루어지는 지역(아프리카)도 있다.

〈표 2-1〉 세계 감자 재배 면적과 생산량

구분	1970	1980	1990	2000	2010	2012	2014	2016
재배 면적(천ha)	20,773	18,788	17,656	20,088	18,694	19,376	18,963	19,246
생산성(톤/ha)	14.3	12.8	15.1	16.3	17.8	19.1	20.1	19.6
생산량(천 톤)	298,048	240,496	266,825	327,600	333,617	370,595	380,967	376,827
지수●	112	90	100	123	125	139	143	141

※ 자료 : FAO 통계(2016년)   ● 생산량 지수 : 1990년 대비

〈표 2-2〉 주요국가의 감자 생산성과 생산량

순위	국가별	재배 면적(천ha)	생산성(톤/ha)	생산량(천 톤)	생산비율(%)
	세계 총계	19,246	19.6	376,827	100
1	중국	5,815	17.0	99,122	26.3
2	인도	2,130	20.5	43,770	11.6
3	러시아	2,031	15.3	31,108	8.3
4	우크라이나	1,312	16.9	21,750	5.8
5	미국	408	49.0	19,991	5.3
6	독일	243	44.4	10,772	2.9
7	방글라데시	476	19.9	9,474	2.5
8	폴란드	312	28.4	8,872	2.4
9	프랑스	175	39.0	6,835	1.8
10	네덜란드	156	42.0	6,534	1.7
26	일본	69	31.2	2,158	0.6
35	북한	140	12.1	1,698	0.5
53	한국	24	26.3	632	0.2

※ 자료 : FAO 통계(2016년)

02 우리나라 감자재배 현황

우리나라의 감자재배 형태는 전통적으로 봄재배, 여름재배와 가을재배였다. 그러나 80년대 중반 이후 시설을 활용한 내륙의 겨울시설재배와 제주도의 가을재배 수확기가 연장되면서 연중 신선한 감자가 공급되고 있다. 최근에는 각 가꿈꼴(작형)들도 조기재배, 일반재배, 억제재배 형태로 분화되면서 가꿈꼴 간 경계가 없어지는 양상을 보이고 있다.

🥔 〈표 2-3〉 우리나라의 주요 감자재배 형태

재배 형태	재배 지역	재배 기간	
		씨 뿌리는(파종) 시기	수확 시기
봄재배	전국 평난지대	2월 하순~3월 하순	5월 하순~6월 하순
여름재배	고랭지대	4월 중순~5월 상순	8월 중순~9월 하순
가을재배	제주도, 남부 해안지대	8월 중순~8월 하순	11월 상순~11월 하순
겨울재배	남부 및 제주도	12월 중순~1월 중순	4월 중순~5월 중순

감자의 재배 면적은 옛날보다 줄어들었지만, 새로운 품종의 육성과 씨감자의 품질 향상 그리고 재배 기술의 발달로 단위 면적당 생산성이 높아져 총 생산량에서는 오히려 증가하고 있는 상황이다.

감자의 생육 조건이 비교적 양호한 고랭지 여름재배는 평균 생산성이 10a당 약 3,500~3,700kg으로 선진국 수준

Tip
건물
말린 식료품을 뜻하는 것으로, 건물률은 감자의 품질을 평가하는 중요한 요인 중 하나이다.

이며, 재배 면적 비율로는 약 13.7%를 차지하고 있지만 생산량 비율은 약 15.3%를 차지하고 있다. 그러나 봄재배와 가을재배의 생산성이 너무 낮아 전국 평균은 선진국 수준에 크게 못 미치는 형편이다. 따라서 우리나라의 농가 평균 생산성을 높이기 위해서는 봄재배와 가을재배의 생산성 향상에 주력해야 될 것이다.

〈표 2-4〉 감자 가꿈꼴(작형)별 재배 면적 변화

농업통계(2017년 통계청)

구분	1980	1985	1990	1995	2000	2005	2010	2015	2016
계(ha)	37,391	31,104	21,091	24,941	29,415	32,728	24,913	20,234	22,000
봄감자	29,724	22,777	14,680	15,664	19,042	20,035	16,302	14,545	15,259
여름감자	3,776	6,519	4,359	4,456	4,953	4,385	3,801	3,403	3,579
가을감자	3,891	1,808	2,052	4,821	5,420	8,308	4,810	2,286	3,162

우리나라의 감자 평균 생산성은 선진국의 50~70% 수준이므로 기술개발에 의해 생산성을 높일 수 있는 잠재력이 매우 크다고 할 수 있다. 봄과 가을재배는 전체 재배 면적의 약 78%를 차지하지만 재배 환경이 외국에 비해 불리하고 생육기간이 짧아 생산성과 덩이줄기의 건물˙률이 떨어지는 문제점이 있으므로 생육기간의 확보가 관건이라고 할 수 있다.

우리나라에서 감자의 소비 형태는 간식이나 반찬용으로 이용되는 일반 식용 위주이며, 가공용 소비는 대부분 감자칩으로 16% 정도에 불과하다. 선진국의 경우 전분, 감자칩, 감자튀김(프렌치프라이) 등 다양하게 가공 소비가 이루어지며 가공용 이용률은 미국과 네덜란드가 60%, 일본이 46%를 나타내어 우리나라보다 감자 소비량이 훨씬 많다.

〈표 2-5〉 감자 가꿈꼴별 수량성 변화   농업통계(2017년 통계청)

구분	1980	1985	1990	1995	2000	2005	2010	2015	2016
계(kg/10a)	1,193	1,849	1,757	2,374	2,395	2,732	2,475	2,658	2,526
봄감자	1,129	1,604	1,747	2,327	2,333	2,767	2,415	2,526	2,580
여름감자	1,656	2,854	1,826	3,125	3,688	3,517	3,668	3,875	3,407
가을감자	1,236	1,308	1,678	1,833	1,435	2,233	1,739	1,685	1,267

〈표 2-6〉 가꿈꼴별 감자 생산성   농업통계(2016년 통계청)

구분	봄감자	여름감자	가을감자	계
재배 면적(ha)	15,259	3,579	3,162	22,000
수량(kg/10a)	2,580	3,407	1,267	2,526
생산량(천 톤)	393.7	121.9	40.1	555.7

〈표 2-7〉 주요 국가별 감자 생산성   2012~2016년 평균

구분	한국	중국	일본	미국	독일	네덜란드
수량(kg/10a)	2,625	1,705	3,102	4,704	4,405	4,355
지수(%)	100	65	118	179	168	166

〈표 2-8〉 주요 국가별 감자 가공비율

구분	한국	일본	미국	네덜란드
가공점유율(%)	16	46	60	60

〈표 2-9〉 국내 감자 소비형태   감자총서

구분	식용	가공	씨감자	기타
소비량(천 톤)	420.0	96.0	37.5	46.5
비율(%)	70	16	6	8

03 감자산업 전망

감자는 세계 주요 재배 작물 중 단위 면적당 에너지 공급량과 생산량이 가장 많은 작물로서 인구 증가에 의한 식량 부족 문제를 해결하기 위해서 생산량이 계속 증가할 전망이다. 이에 따라 UN에서는 2008년을 세계 감자의 해로 지정하여 기념한 바 있으며, 2000년 국제식량정책연구소(IFPRI)의 보고에 의하면 모든 농산물의 생산량이 계속해서 증가하지만 특히 감자의 경우는 2020년에 1993년보다 약 30%가 증가할 것으로 전망하고 있다.

〈표 2-10〉 세계 주요지역의 감자 생산량 예측 　　　　　국제식량정책연구소, 2000년, 단위 : 백만 톤

구분	개발도상국							선진국	세계
	중국	동북아	인도	동남아	중동	남미	계		
1993년	42.5	2.4	16.3	4.8	15.6	12.6	94.3	191.0	285.3
2020년	87.8	3.3	43.3	10.0	29.4	20.2	194.0	209.5	403.5
증가율 (%/년)	2.72	1.18	3.67	2.53	2.21	2.08	2.71	0.34	1.29

감자산업 발전방향

생산 및 소비 촉진

가. 감자 생산량은 600천 톤 수준의 현상 유지로 가격을 안정시킨다.

나. 봄감자 재배 면적을 줄여서 가격안정화를 도모하며 가을감자 재배 면적을 늘려서 월별 생산·공급량 안정화를 도모한다.

다. 다른 작물과의 돌려짓기 체계 개발 및 도입을 통하여 땅심●을 높이고 감자의 품질 향상을 도모한다(질소질 비료량을 줄임).

라. 소면적 재배 품종의 지역별 브랜드화로 농가 소득을 증대시킨다.

가공산업 육성

가. 국내 적응성이 높은 우수한 가공용 감자 품종 개발 보급

(1) 건물률 : 19~21%

(2) 환원당 함량 : 0.25% 이하

(3) 칩 색도(Hunter 값) : 70 이상

(4) 내부 품질(생리장해) : 내부 갈변, 중심 공동 없는 것

나. 고품질 안전재배법 및 수확 후 품질관리 연구
(1) 고온 또는 저온에서 생리장해(내부갈변, 중심공동) 방지
(2) 저온 저장 후 칩 적성 : 6℃ 저장과 가온 조정(Reconditioning) 후 칩 제조 가능

다. 가공 원료의 주년생산 및 씨감자 생산의 확대 방안 강구
(1) 가을재배에 의한 씨감자 및 가공 원료 생산 체계 검토
(2) 겨울시설재배를 이용한 단경기 가공원료 생산 방안 수립

씨감자 생산 공급
가. 정부 보급종 씨감자의 지방자치단체 및 민간 이관에 따른 안정적인 씨감자 생산·공급체계를 확립하고 씨감자 생산비를 낮출 수 있는 방안 마련
(1) 씨감자 생산단지의 격리 거리 확보로 병해충 감염 차단과 종합방제 체계 확립
(2) 경지 정리, 관배수 및 방제의 자동화로 생산비 경감

나. 봄 및 가을재배 가꿈꼴(작형)의 씨감자 보급체계 개선
(1) 가을재배 출현율 증진을 위한 통씨감자(소괴경)의 생산 및 보급

다. 방제가 어려운 더뎅이병**, 풋마름병*** 등의 발생을 줄이고 방제할 수 있는 방법을 연구하여 보급

라. 씨감자를 생산하는 채종포****의 감자역병 예찰시스템 운영 효율성을 높이기 위한 모니터 요원 육성

마. 상위급 씨감자의 생산 확대와 수출전략 수립

(1) 지자체·민간의 씨감자 생산·공급 확대 및 기술 지원
(2) 해외 씨감자 수출을 위한 품종 개발 및 국외 적응성
　　시험 강화

제2장 감자재배 현황과 전망

▶ 감자는 전 세계 150여 개국에서 재배되며 연간 2억 4,000만~3억 7,600만 톤이 생산되고 있다.

▶ 전 세계 평균 1인당 연간 소비량은 나라별로 다르지만 약 70kg 정도 된다.

▶ 감자의 재배 면적은 옛날보다 줄어들었지만 새로운 품종의 육성과 씨감자의 품질 향상 그리고 재배 기술의 발달로 단위면적당 생산성이 높아져 총 생산량은 오히려 증가하고 있는 상황이다.

▶ 감자는 인구 증가에 의한 식량부족 문제를 해결하기 위해서 생산량이 계속 증가할 전망이다.

▶ 감자산업의 발전방향
  - 감자 생산량을 600천 톤 수준의 현상 유지로 가격안정화에 힘써야 한다.
  - 국내 적응성이 높은 우수한 가공용 감자 품종의 개발 보급에 힘써야 한다.
  - 정부 보급종 씨감자의 지방자치단체 및 민간 이양에 따른 안정적인 씨감자 생산·공급체계를 확립하고 씨감자 생산비를 낮출 수 있는 방안을 마련해야 한다.

제3장
감자의
생태적 특성

감자의 식물학적·조직학적·형태학적 고찰 등은 감자의 생산에 큰 영향을 미친다. 감자의 식물학적 분류와 조직학적 특성 고찰(식물의 형태 및 구조 등과 같은 특성의 유사성에 따라 구분·분류하여 명명하는 일련의 체계), 형태학적 고찰(식물의 구조, 형태를 통해 식물의 특성을 이해함) 등에 대해 자세히 알아본다.

1. 감자의 식물학적 분류 및 분포

2. 생육 특성

01 감자의 식물학적 분류 및 분포

감자는 식물학적 분류학상 *Solanaceae*과, *Solanum*속, *Petota* 아속에 속하며, 아속의 하위 그룹으로 18계열(Series) 이 있고, 그 아래에 약 230여 종(Species)이 자연생태계 에 분포되어 있는 것으로 보고된다. *Solanum*속에는 약 2,000종 이상이 있으며, 그 중 덩이줄기를 형성하는 종은 약 160종에 이른다. 전 세계적으로 분포되어 있는 4배체 (2n=4x=48) 재배종 감자의 학명은 *Solanum tuberosum* L.로 가스파드 보앵(Gaspard Bauhin)에 의해 1596년 처음 사용되었다. *Solanum*은 라틴어의 'Solamen' 즉 '진정(鎭靜)' 이라는 뜻에서 유래된 것으로 *Solanum*속 식물 중 진정제 로 쓰이는 식물이 많은 데서 유래하였으며, 'Tuberosum'은 '덩이줄기 모양'이라는 뜻으로 감자의 덩이줄기 형태를 나타 낸 말이다.

지정학적인 면에서 감자의 원산지는 남아메리카의 페루 와 볼리비아의 중앙 안데스산맥을 중심으로 하여 남쪽 으로는 칠레의 중남부 지역(남위 45° 지역)으로부터 북쪽 으로는 미국의 남서부 지역(북위 약 40°, 미국 콜로라도 와 유타주 지역)까지 널리 분포하고 있다. 고도별로는 해 발 2,000~4,000m까지 분포되어 있고, 그 중 2,500~ 3,400m의 지역에 가장 많은 감자 유전자원이 분포되어 있다.

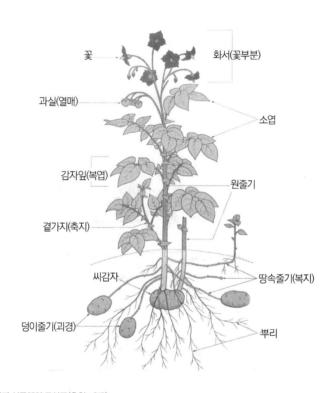

꽃 — 화서(꽃부분)

과실(열매) — 소엽

감자잎(복엽)

원줄기

곁가지(측지)

씨감자

땅속줄기(복지)

덩이줄기(괴경)

뿌리

〈그림 3-1〉 감자 식물체의 모식도(출처 : CIP)

유전학적인 면에서 감자는 12개의 염색체(n=12)를 기본으로 하여 배수성별로 2배체 (2n=2x=24) 74%, 3배체(2n=3x=36) 4.5%, 4배체(2n=4x=48) 11.5%, 5배체(2n=5x =60) 2.5%, 6배체(2n=6x=72) 2.5% 등으로 다양하게 분화되어 있다. 감자의 재배종 은 2배체에서 5배체까지 분포되어 있으나, 원산지인 남아메리카의 안데스 지역을 제 외하고는 대부분 4배체종 *Solanum tuberosum*이 재배되고 있다.

02 생육특성

감자에 대한 식물 조직학적 및 형태학적인 특성을 이해하는 것은 감자 생산뿐만 아니라 연구 분야에 있어서도 매우 중요하다. 식물 조직학적 특성의 고찰은 식물의 형태 및 구조 등과 같은 특성의 유사성에 따라 구분·분류하여 명명하는 일련의 체계를 말하는 것이며, 형태학적 고찰은 식물의 구조와 형태를 통하여 식물적 특성을 이해하는 과정이다.

뿌리(根, Root)

감자뿌리는 진정종자(True Potato Seed) 또는 씨감자(Seed Tuber)에서 나온다. 감자씨(진정종자)를 심어 재배할 때 감자는 곁가지(측지)와 함께 가는 뿌리를 형성하며, 씨감자를 심어 재배한 감자는 먼저 각각 줄기의 기부(基部)[*]에서 부정근[**]이 나오고, 나중에는 각 줄기 지하부의 마디 위에서도 뿌리가 나온다. 감자의 뿌리 분포 범위는 종에 따라 차이가 크지만 보통의 재배종 감자는 지름 80cm, 깊이 20~35cm 정도이다.

감자 뿌리는 땅속으로 얕게 분포하는 천근성[***]이나 광조건에 따라서 뿌리 발달이 크게 차이가 나며, 흙의 성질이 좋은 곳에서 잘 자란다. 분화된 잎이나 줄기 그리고 다른 부위에서도 뿌리가 자랄 수 있다. 특히 발근용 생장조

Tip

기부(基部)[*]
줄기의 아래 씨감자에 가까운 부분

부정근[**]
제뿌리가 아닌 줄기 위나 잎 따위에서 생기는 뿌리를 말한다.

천근성[***]
심근성과 반대 성질로, 작물의 뿌리가 수평으로 자라며 토양에 분포하는 성질

절제를 처리하였을 때는 뿌리 형성이 더 잘되며, 이러한 뿌리 형성 능력은 급속 증식 기술에 이용된다.

 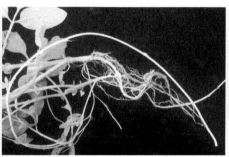

〈그림 3-2〉 감자의 뿌리 발생 형태(왼쪽 : 씨감자 유래, 오른쪽 : 진정종자 유래)

줄기(莖, Stem)

감자의 줄기조직은 원줄기, 땅속줄기 및 덩이줄기로 구성된다. 감자씨를 심어 나온 식물은 줄기(莖, Stem)가 한 개만 자라며, 씨감자를 심어 나온 줄기는 한 개 이상의 줄기가 자라고, 원줄기에서 갈라진 분지(分枝)는 원줄기에 붙어서 자란다. 줄기는 각이 진 원통형으로 품종에 따라 날개(莖翼 : Wing)가 있는 것과 없는 것이 있다. 줄기 날개의 형태도 곧은형, 파상형, 톱니형 등 품종에 따라 다르다. 줄기 속이 비어 있는 품종도 있다.

분지의 발달 여부도 품종에 따라서 다르며, 줄기와 잎에서는 감자 특유의 냄새가 난다. 생육 초기에는 줄기가 곧게 자라지만, 생육 후기가 되면 직립형, 개장형, 반개장

형, 포복형 등의 구별이 생긴다. 줄기의 색은 안토시아닌*
이 거의 없는 녹색에서부터 안토시아닌 분포가 많은 적자
색까지 다양하다.

땅속줄기(복지, 匍枝, Stolon)

땅속줄기는 형태적으로 땅속에 있는 줄기의 곁눈(측아)
이 땅속에서 수평으로 발달한 것으로 발생학적으로 지상
부 줄기의 곁가지(측지)와 같다. 땅속줄기가 나오고 자라
는 것은 품종과 환경 조건에 따라 다르며, 근연 야생종의
땅속줄기는 재배종에 비하여 긴 편이다. 재배 품종에 있
어서는 땅속줄기가 짧은 것이 바람직하며, 땅속줄기가 길
경우 숙기가 늦은 만생**형이 많고 짧은 경우 조생***형이
많은 경향을 보인다.

땅속줄기는 그 끝이 굵어져 덩이줄기를 형성하게 되는데
모든 땅속줄기에서 반드시 덩이줄기가 형성되는 것은 아
니다. 땅속줄기의 끝이 흙에 덮이지 않고 밖으로 드러날
경우에는 정상적인 줄기로 발달하게 된다. 따라서 감자를
기를 때에는 많은 수의 땅속줄기가 자라나 감자가 잘 달
릴 수 있도록 흙을 충분히 덮어주는 것이 수확량을 늘리
는 데 유리하다.

덩이줄기(괴경, 塊莖, Tuber)

형태학적으로 덩이줄기는 변형된 줄기이며 땅속줄기의
끝이 부풀어 올라 발달한 감자의 중요한 양분 저장기관
이다.

덩이줄기는 땅속줄기와 연결된 기부(Basal End 또는 He
el End)와 반대쪽의 정부(Apical End 또는 Rose End)의

두 개의 극점을 가지고 있고, 덩이줄기의 표면에는 정부를 중심으로 몇 개의 눈이 모여 있는 눈집단을 형성하며, 감자의 눈은 정부에서 아래쪽으로 나선형으로 분포되어 있다.

감자의 눈(Eye)은 형태적으로 줄기의 마디에 해당하고 눈썹은 인편엽(Scale Leaves), 싹눈(Eye Buds)은 싹(맹아)에 해당한다. 싹눈은 자라서 싹(Sprout)이 되고 원줄기, 분지 및 땅속줄기 등을 형성한다. 일반적으로 싹눈은 정부의 눈집단 중 중앙의 정아(Terminal Bud)만이 자라고, 곁눈(측아, Axillary Bud)은 정아가 자라는 한 보통은 자라지 않는다.

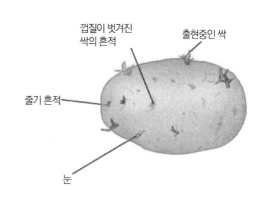

껍질이 벗겨진 싹의 흔적

출현중인 싹

줄기 흔적

눈

〈그림 3-3〉 감자 덩이줄기의 외부 부분

감자의 덩이줄기는 생리적으로 일정 기간 휴면을 거치게 되며 이러한 휴면기간은 품종에 따라 다르다. 휴면기간이 지나감에 따라 감자눈은 정부의 정아(Apical Eye Buds)가 가장 먼저 싹이 트는데 이러한 현상을 정아 우세성(Apical Dominance)이라고 한다.

또한 감자의 눈은 품종에 따라 눈이 돌출된 것, 깊이가 얕거나 깊은 것 등의 차이를 보여 덩이줄기의 모양과 더불어 형태적 품질 특성으로서 중요한 판단기준이 된다. 덩이줄기 형태는 품종에 따라 다양하고 독특하지만, 생육 환경이나 병 등에 의해 고유한 덩이줄기의 형태가 변하기도 한다. 일반적인 재배종 감자는 원형, 한쪽으로 찌그러진 원형(편원형), 긴 모양(장방형) 등이 주로 재배되고 있다.

덩이줄기 표면에는 숨구멍(피목, 皮目, Lenticel)이 분포되어 있으며 이곳을 통하여 가스교환과 호흡작용이 이루어진다. 물기가 많은 과습한 토양 조건에서는 숨구멍이 부풀어 올라 커지며, 열려진 숨구멍을 통해 병원균이 감염되어 감자가 썩을 수도 있다.

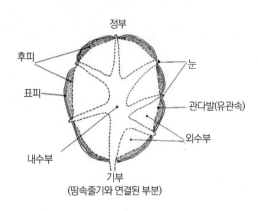

정부

후피

표피

눈

관다발(유관속)

외수부

내수부

기부
(땅속줄기와 연결된 부분)

〈그림 3-4〉 감자 덩이줄기 내부 구조

감자 덩이줄기의 표피색은 흰색, 담황색, 황색, 적색, 자주색, 부분적색, 부분자주색 등을 나타내며, 야생종 중에는 두 가지 이상의 색깔을 나타내는 것도 있다. 덩이줄기가 햇빛을 보게 되면 표피색이 점차 녹색으로 변하여 아린 맛이 강해져 먹을 수 없게 된다. 표피의 구조는 보통 매끄러운 편이나 일부 품종은 그물무늬(Russet) 또는 거친 표면을 가진 것도 있다.

덩이줄기의 내부 구조는 〈그림 3-4〉에서 보는 바와 같이 가장 바깥 부분에 표피(외피, Periderm)가 있는데 코르크화한 얇은 막으로서 이 속에 함유된 색소에 따라 덩이줄기의 표피색이 결정된다. 표피와 부름켜(유관속) 사이의 다소 두꺼운 부분을 후피(Cortex)라고 하며, 전분립이 적은 외후피(Outer Cortex)와 전분립이 많은 내후피(Inner Cortex)로 구분된다. 관다발(Vascular Bundle Ring)은 땅속줄기와 맞닿는 부분에서 시작하여 뚜렷한 동심원상으로 후피와 수심부의 경계가 되어 있으며, 눈(Eye)에서는 수피에 도달하고 있는데, 덩이줄기가 굵어지는 데 필요한 물질의 전달 통로가 되며, 한편으로는 병원균의 침입 통로가 되기도 한다. 덩이줄기의 대부분을 차지하는 수심부(Medulla)는 외수부(External Medulla)와 내수부(Internal Medulla)로 구분되는데, 내수부는 외수부에 비하여 물을 많이 가지고 있으며 투명하게 보인다.

싹(맹아, 萌芽, Sprout)

감자싹은 덩이줄기의 눈 속에 있는 싹눈에서 자란 것으로 색깔과 모양이 품종에 따라 달라 품종을 구분하는 데 중요한 기준이 된다. 감자싹은 흰색에서부터 다양한 색깔을 나타내는데 기부(基部) 또는 정부(頂部)에 부분적 또는 전체적으로 착색된 것 등이 있으며, 흰색인 경우는 약한 빛을 쬐어주면 점차 녹색으로 변한다.

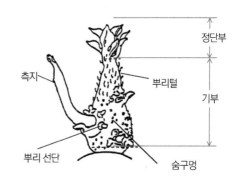

〈그림 3-5〉 감자싹의 구조

싹의 모양은 구조적으로 윗부분(상부)과 아랫부분(기부)으로 나눌 수 있는데, 아랫부분은 보통 줄기의 지하 부위를 형성한다. 특히 아랫부분에는 숨구멍(Lenticel)이 많은데 감자를 심은 후 이 숨구멍을 통해서 가스교환이 이루어지고 뿌리가 나온다. 그리고 아랫부분의 곁눈에서는 땅속줄기와 곁가지가 나오고, 윗부분(상부)은 자라서 줄기와 잎으로 발달한다.

잎(葉, Leaf)

잎은 줄기의 각 마디에 2/5 잎차례(엽서)로 나선형으로 돌려가면서 마주나는데, 몇 쌍의 1차 및 2차 소엽*(Lateral Leaflet)과 정단엽**(Terminal Leaflet)을 가진 겹잎***이며, 잎에는 털이 있다. 잎줄기 아랫부분에 있는 두 개의 작은 탁엽****(Pseudostipular Leaf)과 줄기 위의 잎자루가 붙는 각도는 종간***** 또는 종 내에서도 차이가 있어 품종을 구분하는 기준이 되기도 한다.

꽃(花, Flower)

감자꽃은 암술과 수술을 모두 가지고 있는 양성화로 꽃은 꽃받침, 꽃부리, 수술과 암술 등 4개의 주요 부분으로 나뉜다. 꽃받침은 기부와 5개의 꽃받침 조각으로 구성되고 꽃잎 아래에서 종 모양의 구조를 형성한다. 꽃받침은 녹색으로서 털이 있고, 꽃잎색은 서로 다른 색조와 명조를 지닌 흰색, 청색, 붉은색과 자주색 등이 있다.

수술군은 꽃잎과 서로 교차하는 5~6개의 수술로 구성된다. 수술은 꽃잎관에 연결된 약(葯)과 화사(花絲)로 구성되어 있다. 암술은 꽃 하나당 한 개씩이며, 암술대와 씨방(자방)*으로 구성되어 있는데 자방은 여러 배주**를 포함한다. 배주가 수정된 후 씨앗(종자)으로 발달한다.

과실과 종자(眞正種子, True Potato Seed, TPS)

꽃이 수정되면 배가 과실로 발달하며 많은 씨앗을 형성하게 된다. 과실은 작은 토마토의 과실 모양과 비슷하며, 장과***(Berry)에 속하고, 지름이 3cm 정도이다.

과실의 색은 주로 녹색이지만 점 또는 줄무늬 등으로 색소를 띠는 경우도 있다. 씨앗의 모양은 토마토와 비슷하며, 계란형으로 길이가 2mm, 너비가 1.5mm 정도이고, 담황갈색으로서 납작하며, 표면에 털이 있다. 과실당 종자 수는 품종별 수정 능력에 따라 다소 차이가 있으나 대체로 50~200립 정도 들어 있다.

제3장 감자의 생태적 특성

▶ 뿌리 : 감자 뿌리는 땅속으로 얕게 분포하는 천근성이나 광조건에 따라서 뿌리발달이 크게 차이가 나며, 흙의 성질이 좋은 곳에서 잘 자란다.

▶ 줄기 : 생육 초기에는 줄기가 곧게 자라지만, 생육 후기가 되면 직립형, 개장형, 반개장형, 포복형 등의 구별이 생긴다.

▶ 땅속줄기 : 감자를 기를 때에는 많은 수의 땅속줄기가 자라나 감자가 잘 달릴 수 있도록 흙을 충분히 덮어주는 것이 수확량을 늘리는 데 유리하다.

▶ 덩이줄기 : 감자의 덩이줄기는 생리적으로 일정 기간 동안 휴면을 거치게 되며 이러한 휴면 기간은 품종에 따라 다르다.

▶ 싹 : 감자싹은 다양한 색깔을 나타내는데 기부(基部) 또는 정부(頂部)에 부분적 또는 전체적으로 착색된 것 등이 있으며, 흰색인 경우는 약한 빛을 쬐어주면 점차 녹색으로 변한다.

▶ 잎 : 잎줄기 아랫부분에 있는 두 개의 작은 탁엽(Pseudostipular Leaf)과 줄기 위의 잎자루가 붙는 각도는 종간 또는 종 내에서도 차이가 있어 품종을 구분하는 기준으로 이용되기도 한다.

▶ 꽃 : 감자꽃은 암술과 수술을 모두 가지고 있는 양성화로서 꽃은 꽃받침, 꽃부리, 수술과 암술 등 4개의 주요 부분으로 나뉜다.

▶ 과실과 종자 : 과실당 종자수는 품종별 수정 능력에 따라 다소 차이가 있으나 대체로 50~200립 정도 들어 있다.

제4장
감자의
생장과 발육

싹의 출현과 생육, 뿌리, 꽃, 땅속줄기, 덩이줄기의 생장 및 발육단계와 파종, 잎, 덩이줄기의 생장단계별 관리 요령을 알아보고, 온도, 일조량, 강수량, 토양 등이 감자에 미치는 영향에 대해 알아본다.

1. 생장 및 발육단계
2. 덩이줄기의 휴면과 생리적 서령
3. 생장단계별 관리요령
4. 생육단계와 환경

01 생장 및 발육단계

싹(맹아)의 출현과 생육

〈그림 4-1〉 감자싹

감자의 덩이줄기에서 싹이 발생하는 것은 두 가지 측면에서 매우 중요한 의미가 있다. 먼저 저장 중인 감자에서 싹의 출현은 손실을 의미한다. 즉 덩이줄기 내 전분과 같은 유용물질이 먹을 수 없는 감자의 싹으로 변하는 것이며, 이를 통해 수분이 빠르게 없어져 양적인 손실이 발생한다. 한편 감자의 재배 중 싹의 출현은 씨감자 활력을 의미한다. 덩이줄기에서 발생하는 싹이 자라는 정도에 따라 다음 대 감자의 생육이 크게 영향을 받기 때문이다.

수확된 감자 덩이줄기는 일정 기간 적당한 환경 조건이 주어져도 싹이 나지 않는다. 이를 식물학적으로 휴면(休眠, Dormancy)이라 한다. 일정한 시간이 지나 자연적으로 휴면이 깨거나 또는 인공적으로 휴면이 깨도록 특별한 처리를 해야만 눈에서 싹이 나오게 된다. 휴면기간은 유전적인 요인, 즉 품종의 특성에 가장 크게 영향을 받는다.

이러한 품종별 휴면기간의 차이는 감자의 재배와 저장·가공 산업에 다양한 형태로 활용된다. 즉 휴면기간이 짧은 품종은 1년 2기작(봄과 가을) 재배에 이용하고, 그 기간이 긴 품종은 싹이 늦게 나므로 오랫동안 저장할 수 있다. 때로는 감자의 저장 및 유통과정에서 싹의 발생을 늦추는 인위적인 처리를 하여 저장기간을 늘리기도 한다.

싹이 나오는 눈(芽)의 수는 품종이나 덩이줄기의 크기에 따라 다르지만 대체로 12~15개 정도이다. 수확 당시 땅속줄기 쪽에 붙어 있던 부분인 기부(基部)보다 정부(頂部)에 눈이 집중되어 있다. 일반적으로 정부의 중앙에 위치한 눈의 활력이 가장 왕성하며 그곳에서 멀어질수록 활력이 떨어진다. 일단 정아*에서 싹이 나면 그 외의 눈에서는 싹이 나오는 것이 억제되는데 이를 식물학적으로 정아우세(頂芽優勢)라고 한다. 만약 정아가 죽게 되면 다음 위치에 있는 눈에서 발생한 싹의 세력이 가장 왕성해지며 정아의 역할을 대신한다.

감자를 재배할 때 싹이 나오는 단계에 약한 광을 쬐어주는 산광(散光)처리방법은 감자의 생육을 왕성하게 하는 좋은 방법이다. 덩이줄기가 약한 빛을 받게 되면 껍질의 피층**(皮層) 주변 세포에 엽록소가 형성되고 녹색으로 변하면서 비타민이나 호르몬의 합성이 왕성해져 싹이 빨리 난다. 또 싹이 나온 후에는 빛에 의해 웃자람***이 방지되어 싹을 튼튼하게 하고, 맹아**** 기부에 수염뿌리의 원기(原基)*****발생이 왕성해져 감자를 심은 후 씨감자로부터 뿌리가 잘 나오고 감자가 잘 자란다.

한편 덩이줄기에서 싹이 나와서 자라는 과정에 기상 조건이 나빠지면 더 이상의 자람을 멈추고 2차 휴면에 들어가게 된다. 일단 2차 휴면에 들어가면 다시 정상적인 환경조건이 주어져도 새로 자람을 시작하기까지 상당한 시간이 필요하다. 따라서 여름철 온도가 높고 비가 많이 오기 전에 수확을 마치는 것이 유리한 우리나라 봄 가꿈꼴(작형)에서는 이러한 2차 휴면을 피하는 것이 매우 중요하다.

영양생장단계

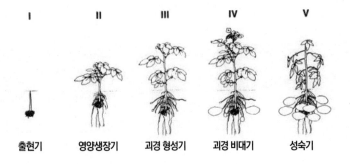

I	II	III	IV	V
출현기	영양생장기	괴경 형성기	괴경 비대기	성숙기

〈그림 4-2〉 감자의 생육단계 구분

가. 줄기와 잎의 생육

감자잎과 줄기는 생장점의 정단부(頂端部)●에서 세포분열이 일어나 분화된다. 덩이줄기에서 발생한 싹이 땅 위로 올라오는 시기에는 마디 사이가 짧고 잎과 잎 사이가 매우 촘촘하다. 이후 줄기가 자라면서 꽃이 필 때까지 계속해서 마디 사이의 길이가 길어진다. 한편 땅속에 위치한 줄기의 마디 사이에서는 땅속줄기(복지, 匐枝)가 나와 자라다가 끝부분이 굵어지면서 덩이줄기로 발전한다. 또한 지상부 줄기의 마디에서는 겹잎(복엽, 複葉)이 발생하여 광합성을 하며 곁가지도 생겨나 지상부 전체의 부피가 늘어난다.

잎은 태양의 광에너지를 이용하여 탄소동화작용을 통해 탄수화물을 합성한다. 식물체의 에너지 생산 공장인 셈이다. 따라서 가능한 한 빠른 시기에 충분한 엽면적을 확보하는 것이 무엇보다 중요하다.

식물이 차지하고 있는 토지 면적에 대한 잎의 면적 비율을 엽면적 지수(葉面積指數)라고 한다. 감자의 수량과 엽면적 지수의 관계를 살펴보면 엽면적 지수가 증가할수록 감자의 수량이 증가하나 일정 수준 이상에서는 오히려 감소하는 경향을 보인다. 따라서 감자재배 시 질소 비료를 줄 때 특별히 유의하여 잎과 줄기가 웃자라지 않도록 해야 한다. 특히 품종에 따라 잎과 줄기의 생육 양상이 다른데 생육기간이 짧은 조생 품종은 줄기의 길이가 한정되어 잎의 발생량이 적은 데 비해 생육기간이 비교적 긴 만생 품종은 줄기와 잎의 생육이 왕성하여 웃자랄 가능성이 높다. 또한 잎의 모양, 크기 및 색깔 등도 광합성 능력에 영향을 미친다. 이는 품종, 비료 주기(시비) 조건, 온도 등 생육 환경에 따라 달라지는데, 온도가 생육 적온보다 낮을 때는 잎맥 사이에 주름이 생기고 높을 때는 잎의 크기가 작아진다.

탄소동화작용
식물이 공기 중에서 섭취한 이산화탄소와 뿌리에서 흡수한 물로 엽록체 안에서 탄수화물을 만드는 작용을 말한다.

가. 뿌리의 생육
감자씨(진정종자, 眞正種子)가 발아할 때에는 원뿌리(主根)가 먼저 나고, 원뿌리가 자라가면서 실뿌리가 나온다. 그러나 씨감자를 심을 때에는 싹의 마디에서 나오는 뿌리들이 모두 실뿌리이기 때문에 다른 작물에 비해 지하부의 분포가 얕은(천근성, 淺根性) 것이 특징이다. 따라서 감자는 토양 내 수분함량의 변화 등 환경 변화에 매우 민감하다.

한편 덩이줄기의 싹에서 나오는 뿌리는 만생종이 조생종보다 흙 속 분포가 깊고 왕성하며, 길이는 비교적 짧지만 활동성이 있는 곁뿌리 수가 많다.

씨감자를 심은 후 싹이 자라기 시작하면 기부(基部) 가까이에서 어린 뿌리(유근, 幼根)가 발생하고 싹이 지상부로 출현하는 시기에는 많은 수의 뿌리가 길게 자란다. 이후 뿌리의 생육은 지상부의 생육과 더불어 전개된다.

뿌리의 발육 특성을 살펴보면, 땅 표면 가까이에 있는 뿌리의 경우 땅속으로 향하는 습성이 있으며, 근군(根群)의 토양 양분과 토양 구조에 의해 영향을 받는다. 일반적으로 감자의 뿌리는 수평으로 최대 60cm, 깊이 120cm까지 분포한다고 알려져 있는데, 남작 품종의 경우는 반경 40cm, 깊이 20~30cm에 분포하기도 한다. 건조한 흙에서는 뿌리의 끝부분(선단)에 곁뿌리가 발생하며 몇 개의 뿌리가 땅속 깊이 뻗어 들어가 가뭄에 견디는 힘(내한성, 耐旱性)이 커진다. 반면에 물 공급이 충분할 때는 뿌리가 얕게 뻗는다.

생육 초기에 물이 부족하면 싹에서 발생하는 뿌리의 발육이 장해를 받아 자람이 늦어진다. 특히 봄이나 겨울시설재배 시 싹을 틔워 아주심기할 때 흙의 물기가 부족하면 활착●이 늦어지고 초기 생육이 늦어지므로 심을 당시에 날씨가 가물 때에는 아주심은 후에 충분한 물을 공급해주어야 한다.

나. 꽃 피는 습성(開花習性)
감자의 꽃은 줄기의 선단부에서 발생한다. 감자가 정상적으로 자라는 경우 줄기가 20~30cm 정도 자라면 선단부에 꽃봉오리가 나타난다. 이것이 점차 발달하여 감자의 겹잎이 16매 정도 전개되었을 때 17번째 선단부 마디에서 꽃대가 나와 꽃이 핀다. 꽃이 핌과 동시에 15~16번째 마디에서 새로운 곁가지가 발생하여 6~9마디까지 자란 다음 곁가지의 정단부에서 다시 2차 꽃이 피고, 계속해서 줄기 생장이 끝날 때까지 진행된다.

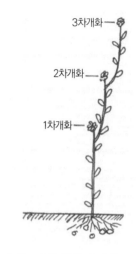

〈그림 4-3〉 감자의 꽃 피는 습성

꽃의 발달은 일장과 온도에 따라 달라지는데, 단일 조건보다는 장일 조건에서 촉진되며 단일 조건에서는 꽃이 피기 전에 꽃봉오리가 떨어진다. 온도는 낮의 온도보다 밤의 온도가 꽃의 발달에 크게 영향을 미친다. 밤의 온도가 12℃ 이하에서는 꽃이 형성되지 않고 18℃ 이상에서는 꽃이 형성된다. 따라서 교배를 위한 꽃의 발달 촉진은 장일 조건, 덩이줄기의 형성억제, 토마토에 접목하는 방법 등을 이용하고 있다.

우리나라에서 재배되고 있는 품종들은 재배 기간 중 꽃이 잘 피지만 수정이 되지 않아 열매를 맺는 경우가 드물다. 만일 지상부에 감자 열매가 많이 맺혀 자란다면 감자 수량에 영향을 미치지만, 대부분의 경우 꽃이 핀 후 떨어지므로 재배 기간 중 꽃의 제거작업은 하지 않아도 된다.

다. 땅속줄기(복지, 伏枝, Solon)의 생육
감자의 덩이줄기는 지하부 줄기의 마디에서 발생하는 땅속줄기 끝에 생기므로 덩이줄기의 형성은 먼저 땅속줄기의 발생이 잘 이루어져야 한다. 땅속줄기는 발생학적으로 지상부의 곁가지에 해당하는 것으로 엽록소가 없고 흰색이며 마디신장을 한다. 지상부 곁가지는 지구의 중심과 정반대로 생장하는 배지성(背地性)**을 보이나 땅속줄기의 경우는 옆 방향으로 생장하는 특성을 가지고 있다.
땅속줄기는 지상부 줄기와 같이 정아우세성****이 있어 길게 자라고 정상적으로 생육

할 때는 곁가지가 발생하지 않는다.

땅속줄기의 자람을 지배하는 호르몬은 지베렐린*이다. 지베렐린은 일반적으로 일장, 온도와 일조량 등 환경요인에 의해 잎 속에서 함량이 증감된다. 곁가지의 자람은 덩이줄기의 형성을 억제하는데, 잎의 표면에 지베렐린을 살포하면 땅속줄기의 자람은 촉진되는 반면 덩이줄기의 형성은 억제된다.

장일 조건(16시간 일장)과 밤 동안의 고온(25℃ 이상), 혹은 일조부족 조건에서는 잎 속의 지베렐린함량이 증가한다. 이것이 지하부로 옮겨져 땅속줄기의 자람을 촉진하고 덩이줄기의 형성을 억제한다. 이에 반하여 단일 조건(8시간 일장)에서는 잎 속의 지베렐린함량이 며칠 내에 크게 줄어들고 땅속줄기 자람을 정지시켜 덩이줄기의 형성을 촉진한다. 이와 같이 땅속줄기의 자람에는 지베렐린이 직접 관여하며 덩이줄기의 수량과도 밀접한 관련이 있어 생육 환경에 따라 수량이 달라진다.

덩이줄기의 형성
지하부를 뻗어가던 땅속줄기의 끝이 굵어지면서 덩이줄기가 형성되는 때는 엽면적 지수(단위면적당 잎의 면적 비율)가 보통 1~2에 도달하며, 덩이줄기의 형성에는 일반적으로 10~14일 정도가 걸린다.

이 시기는 ① 땅속줄기가 자라는 시기, ② 땅속줄기 끝이 방추**형태로 되는 시기, ③ 땅속줄기 끝이 부풀어 올라 가로축과 세로축의 차이가 적은 시기, ④ 덩이줄기의 형성이 완성되는 시기 등으로 나눌 수 있다.

감자 덩이줄기의 형성은 일장, 온도, 일조 등 외부 환경의 영향을 받는다. 즉 이들 환경 요인이 식물체 내 호르몬의 질적·양적 변화를 일으켜 덩이줄기가 형성된다. 예전에는 덩이줄기의 형성이 식물체 내 탄소와 질소의 비율(C/N율) 변화에 의해 영향을 받는다는 설이 지배적이었으나 최근에는 호르몬의 변화로 설명하는 것이 일반적이다.

가. 덩이줄기 형성물질

감자는 장일 조건(16시간 내외)에서 밤에 온도가 높으면 덩이줄기의 형성이 억제된다. 그러나 야간 온도가 높더라도 일장이 짧으면(8시간) 땅속줄기 끝에 덩이줄기가 형성된다. 일반적으로 덩이줄기의 완전한 형성에는 일정 횟수 이상의 단일주기(短日週期)와 일정 수준 이상의 덩이줄기 형성물질이 필요하다고 알려져 있다.

덩이줄기 형성물질은 줄기 끝의 새로 전개될 잎 속에서 만들어지며 광합성이 왕성하게 이루어지는 성숙한 잎에서는 만들어지지 않는다. 줄기 끝에서 만들어진 덩이줄기 형성물질은 지상부에서 지하부의 땅속줄기 끝으로 이동하여 덩이줄기의 형성을 촉진한다.

나. 지베렐린과 덩이줄기 형성

감자의 내생 지베렐린함량은 환경 조건의 변화에 반응하여 증감되고, 땅속줄기의 자람을 직접 지배한다. 즉 덩이줄기의 형성에는 덩이줄기의 형성 이전에 내생 지베렐린의 감소가 중요한 전제 조건이며, 땅속줄기 끝의 내생 지베렐린함량은 덩이줄기의 형성과 비대에 앞서서 감소한다. 따라서 감자의 체내 지베렐린은 덩이줄기의 형성을 억제하는 요인으로, 단일 처리나 야간 저온 등 환경 조건의 변화에 반응하여 감소되면서 덩이줄기가 형성된다. 또한 감자의 덩이줄기 형성은 광질(光質)의 영향을 받는데, 이는 광질이 지베렐린 생성과 밀접한 관계가 있기 때문이다.

덩이줄기의 비대

덩이줄기의 비대기는 형성된 덩이줄기가 본격적으로 부피를 늘려가는 단계이다. 보통 꽃이 피고 잎과 줄기가 누렇게 변하는 시점에 해당하며, 이 시기에 엽면적 지수는 가장 높아져 3.5~6.0 정도까지 증가한다.

이 단계는 보통 30~60일간 지속되는데, 좀 더 세분하면, ① 비대 초기(꽃이 처음 필 때~꽃잎이 많이 필 때), ② 비대 성기(꽃잎이 많이 필 때~꽃피기가 끝났을 때), ③ 비대 종기(꽃피기가 끝났을 때~잎과 줄기가 누렇게 변하는 시기)로 나눌 수 있다.

덩이줄기의 성숙

알이 굵어지면서 부피를 키워가던 덩이줄기는 일정 시기에 이르면 더 이상 부피를 생장하지 않고, 성숙단계에 들어간다. 이 시기가 되면 덩이줄기의 표피층이 코르크화되면서 단단해지고, 탄수화물이 줄기와 뿌리로부터 덩이줄기로 이동하여 축적되면서 건물률이 증가한다. 한편 지상부 생육이 중지되고 탄소동화물질이 덩이줄기로 이동하면서 엽면적 지수가 1 정도까지 떨어진다.

02　덩이줄기의 휴면과 생리적 서령

휴면의 정의

감자는 수확 후 싹이 나기에 적당한 조건이 주어져도 일정 기간 싹이 나오지 않는다. 이와 같이 덩이줄기가 일정 기간 잠을 자듯 생명을 유지하는 기본 활동 외에 다른 활동을 하지 않는 상태를 휴면(休眠)이라 한다.

휴면은 수확 후 일정 기간 적당한 환경 조건이 주어져도 싹이 나지 않는 자발휴면(自發休眠)과 자발휴면이 종료된 후에도 불량한 환경 조건(저온 등)에 의해 싹이 나지 않는 타발휴면(他發休眠)으로 구분된다.

휴면기간

감자의 휴면기간을 결정하는 방법은 두 가지로 나눌 수 있다. 첫째는 땅속줄기의 끝에 덩이줄기가 형성되는 시점을 기준으로 하여 덩이줄기의 눈에서 싹이 나오는 순간까지의 기간을 산출하는 방법이고, 둘째는 덩이줄기를 수확한 후 저장하여 싹이 나오는 때까지의 기간을 산출하는 방법이다.

앞의 방법이 정확하다고 할 수 있지만 동일한 감자 포기 내에서도 덩이줄기의 형성시기가 각기 다르고 관찰할 수 없는 지하부의 덩이줄기 형성 시기를 정확히 산출하는 데 어려움이 있다. 따라서 재배적인 측면에서는 두 번째 방법인 덩이줄기의 수확 후부터 싹이 트는 때까지를 감자의 휴면기간으로 산출하는 방법이 실용적이다. 이 때문에 감자의 휴면기간을 표시할 때에는 저장 조건과 휴면기간을 함께 표현해야 정확하다. 감자의 휴면기간은 품종에 따라 차이가 큰데 휴면기간이 긴 품종은 약 4~5개월까지 휴면을 하며, 휴면기간이 짧은 품종은 2개월 미만인 것도 있다. 하지만

4℃ 정도로 저온 저장을 하면 휴면기간은 이보다 훨씬 길어진다.

우리나라에서 재배되고 있는 품종들의 휴면기간은 수미, 남작, 대서 등은 3개월 정도이고 대지, 추백, 새봉, 방울 등은 50~60일 정도이다. 이와 같은 휴면기간은 단지 수확 후 실온상태에서 저장하였을 때의 기간을 말하므로, 저장조건에 따라서 이보다 길어지거나 짧아질 수 있다. 한편, 휴면기간은 덩이줄기의 성숙도에 따라서도 차이가 있다. 미숙한 덩이줄기를 수확할 경우 성숙한 덩이줄기에 비해 휴면기간이 짧아진다. 그러나 동일 품종과 동일한 재배조건 하에서 미숙한 덩이줄기를 일찍 수확할 때에는 늦게 성숙된 덩이줄기를 수확할 때보다 수확기가 빨라지기 때문에 감자 싹이 자라는 시기가 늦어지지 않는다.

또한 수확 시기에 상처를 입거나 해충 등에 의해 상처를 받으면 휴면기간이 짧아진다. 따라서 오랫동안 저장하기 위해서는 가능한 한 상처가 생기지 않도록 하는 것이 중요하다. 반대로 휴면기간을 줄여서 좀 더 일찍 재배하고자 할 때에는 씨감자를 자르거나 상처를 내어 저장하면 휴면기간을 줄일 수 있다. 이와 같이 감자의 휴면기간은 재배적인 측면에서 중요한 의미를 갖는다. 따라서 감자의 저장과 재배에 있어서 해당 품종의 휴면성에 대한 정보를 반드시 알아야 한다.

인위적 휴면 타파방법

감자를 재배하고자 할 때 씨감자의 휴면이 제약 요인이 되어 농업인이 계획한 시기에 재배하기 곤란할 때가 종종 있다. 예를 들면 휴면이 비교적 긴 수미나 대서 등을 봄에 재배하여 여기에서 수확한 덩이줄기로 가을재배를 하는 것은 우리나라 기후 여건상 거의 불가능하다. 이러한 경우 인위적으로 휴면을 타파해 심어야 한다.

가. 물리적 휴면 타파방법

(1) 열처리

휴면 중인 덩이줄기를 18~25℃의 캄캄한 상태에서 저장한다. 저장고 내에는 바람을 잘 통하게 하고 습도를 높게 하여(85~90%) 저장 중 수분 손실을 적게 하면서 썩는 것을 막을 수 있는 조건을 만들어주어야 한다.

(2) 저온 후 열처리

휴면 중인 덩이줄기를 4℃에서 2주 이상 저장한 다음 18~25℃의 캄캄한 상태에서 처리하는 방법이다. 이때에는 바람이 잘 통하게 하여 썩지 않도록 하고 감자싹이 0.5cm 정도 자라면 캄캄한 상태에서 약한 빛(散光)이 들어오는 장소로 옮겨 싹의 웃자람을 막아야 한다.

(3) 상처 저장

감자를 통감자 상태로 저장하는 것보다 껍질을 벗기거나 잘라서 저장하면 휴면기간이 짧아진다. 감자를 4/5 정도 절단하여 자른 조각이 서로 떨어지지 않도록 자르고 자른 면을 잘 말려 열처리하거나 저온 후 열처리 방법으로 저장한다. 이때 자른 면을 제대로 말리지 못하면 덩이줄기 내 수분이 너무 많이 증발하여 씨감자의 활력이 감퇴하면서 썩을 우려가 있으므로 주의해야 한다.

나. 화학적 휴면 타파방법

(1) 지베렐린(Gibberellin)

지베렐린 처리법은 우리나라에서 가장 잘 알려진 방법이다. 처리방법이 매우 간편하며 그 효과가 빠르게 나타난다. 통감자를 알맞은 씨감자 크기로 자르고 지베렐린을 물에 녹인 2ppm 용액에 30~60분간 담가 처리한 후 그늘에 말려 심으면 감자싹이 빨리 자란다. 그러나 효과가 빠른 반면 물에 담가 처리하므로 썩기 쉽고, 싹이 웃자라 본밭에 심은 후 검은무늬썩음병* 발생 위험이 높다. 지베렐린을 처리한 덩이줄기를 씨감자로 이용하면 기형감자가 많이 발생할 수 있다.

(2) 그 외에 다양한 약제가 효과가 있다고 알려져 있으나, 인간에 유독하거나 감자에 사용할 수 있는 화학제제로 등록된 것은 없다.

생리적 서령(生理的 薯齡)

수확한 덩이줄기는 이후의 주변 환경에 따라 일정한 형태의 서령을 진전시켜 최종적으로 노화에 이른다. '연대적 서령'이라 함은 덩이줄기 형성기 혹은 수확기부터 그 시점까지의 단순한 시간적 서령을 의미한다. 덩이줄기의 상태나 주변 환경 조건이 동일한 덩이줄기들은 서령의 진전정도가 다분히 연대적 서령에 의해 결정될 수 있다. 그러나 덩이줄기의 충실도나 휴면 정도 같은 내적인 특성이 다르고, 환경 조건이 다른 곳에 저장된 덩이줄기의 경우 수확 후 동일한 시간이 경과했다 하더라도, 서령의 진전은 각기 다를 수밖에 없다. 이와 같이 덩이줄기의 실질적인 생리적 활성의 변화 정도를 기준으로 서령의 진전 정도를 표현하는 것을 생리적 서령이라 한다. 씨감자의 '생리적 서령에 따른 감자의 생육과 발육에서 나타나는 차이는 〈표 4-1〉과 같다.

〈표 4-1〉 감자의 생리적 서령에 따른 생장과 발육 특성

| 생리적 서령 | 생장과 발육 | | 덩이줄기(괴경) | | | |
	출현	잎생장	형성	수	성숙	수량
어린 씨감자	늦다	많다	빠르다	많다	늦다	많다
늙은 씨감자	빠르다	적다	늦다	적다	빠르다	적다

이처럼 씨감자의 생리적 서령에 따라 감자의 생장과 발육이 매우 다른 양상을 보이므로 재배 목적에 따라 이를 적절히 활용할 필요가 있다. 즉 약간의 수량 감소를 감수하더라도 조기에 수확하여 출하하고자 할 경우, 씨감자의 저장 온도를 높여 생리적 서령을 빠르게 진전시켜 심는 것이 유리하다.

생장단계별 관리요령

씨뿌림 후 출현단계

싹이 자라기 시작한 씨감자를 심을 경우 심은 후 20~30일경 지상부로 싹이 출현한다. 씨감자의 싹은 5℃ 이상에서 자라기 시작하므로 싹이 빨리 땅 위로 올라오게 하기 위해서는 온도, 토양 수분 등의 환경을 알맞게 조절해야한다. 특히 우리나라의 봄재배와 단경기 동안의 겨울시설재배에서 감자를 심은 후 싹이 나올 때까지의 온도가낮아 출현이 늦어지는 경우가 종종 있다.

우리나라 봄재배의 경우 여름철 온도가 높아지고 장마가 오기 전에 수확을 마무리해야 하므로 수량 증대나 품질 향상을 위한 재배 기간의 연장 수단은 빠른 출현을 유도하는 방법밖에 없다. 봄재배 시 싹의 출현기간은 일반적으로 30~45일이 걸리는데, 이는 감자의 전체 생육기간을 90~100일로 보았을 때 그 기간의 1/3~1/2에 해당한다. 따라서 이 출현기간을 줄이는 것이 우리나라 봄감자재배의 요점이라 할 수 있다.

봄재배에서 출현기간을 단축하는 방법으로 가장 효과적인 것은 투명 PE 멀칭●재배이다. 멀칭을 통해 토양 온도를 상승시켜, 싹의 발육을 촉진하는 원리이다. 수미의 경우 직파재배 시 심은 후 40일이 지나야 출현하는데, 멀칭재배에서는 28일 정도면 출현해 12일 정도 단축하는 효과가 있다. 즉 재배 기간을 12일 연장하는 효과가 있어 수량 및 품질 향상으로 이어질 수 있다.

또한 봄감자를 심는 시기인 2~3월은 봄가뭄으로 인해 매우 건조한 시기이다. 씨감자를 심은 후 토양이 마르면 싹에서 나오는 뿌리의 발달이 떨어지고 뿌리내림(활착)이 불량하게 되어 씨감자 자체의 수분과 양분으로 생육하다가 결국 말라 죽게 된다. 특히 비닐멀칭재배 시 심을 때 토양 수분이 부족한 상태에서 흙을 덮으면(피복) 이후 어느 정도 비가 내려도 빗물이 쉽게 스며들지 못하므로 가뭄 피해가 더욱 심하게 된다.

따라서 봄재배는 파종 직전에 밭을 갈고 흙덩이를 부수고 이랑을 만든 다음 곧바로 감자를 심고 토양 수분이 증발하기 전에 비닐로 덮어 토양 수분을 유지시켜 주어야 한다. 이때 필요하면 적당히 물을 주는 것도 바람직하다. 또한 비닐을 덮은 후에는 덮은 부분 중 낮은 부분에 꼬챙이로 드문드문 구멍을 내어 빗물이 스며들 수 있도록 해 주는 것이 필요하다. 특히 감자는 출현기와 덩이줄기 비대기에 물을 많이 필요로 하므로 이 시기의 물관리가 특히 중요하다.

잎이 필 때

싹이 지상부로 출현하면 곧바로 잎이 전개되는데 잎의 전개와 동시에 땅속줄기가 자라게 된다. 싹이 그동안 씨감자로부터 양분을 공급받아 생육하다가 이때부터 능동적으로 토양으로부터 양분을 흡수하는 시기이다.

북주는 깊이	3cm	6cm	9cm	15cm
줄기 수	5.90±0.19	6.20±0.20	6.40±0.20	7.67±0.20

이 시기는 뿌리의 발달이 왕성하고 땅속줄기가 신장하며, 지상부의 잎과 줄기의 생육도 왕성하다.

식물체는 이 시기에 활력이 좋아야 땅속줄기의 발생이 좋고 덩이줄기가 굵어지는 데 알맞은 생육 조건을 갖추게 된다. 이때의 재배 관리는 토양의 3상(공기, 수분, 입자) 조건을 알맞게 유지해주어야 뿌리의 발달이 활발해져 생육에 필요한 양분과 수분의 흡수가 용이하다.

싹이 출현하여 잎이 필 때에는 동시에 땅속줄기가 발달하게 되는데 싹의 첫째 마디 가까이에서 발생한다. 땅속줄기의 발생은 파종 깊이에 따라서 차이를 나타내는데, 깊게 심거나 북주기를 일찍 할수록 증가한다. 우리나라의 봄재배 시기와 같이 가물 때에는 깊게 심는 것이 유리하고, 싹이 출현한 후에는 북을 빨리 줌으로써 가뭄 피해를 줄이고 덩이줄기 수를 늘려 수확량을 올릴 수 있다.

덩이줄기 형성기

덩이줄기 형성기는 싹이 출현하여 줄기의 길이(경장, 莖長)가 20~25cm 자랐을 때로서 생장점에서 꽃봉오리가 생길 때부터 꽃이 피기 전까지이다. 덩이줄기 형성기는 대략 10~15일간 지속된다.

땅속줄기 중에서 덩이줄기가 형성되어 비대가 이루어지는 비율은 50~70%인데, 비대 초기와 그 이후의 영양상태에 따라서 덩이줄기가 도태되는 경우도 있다. 이렇게 도태되는 덩이줄기는 내용물이 다른 덩이줄기로 이동해 공동화되면서 없어진다. 이러한 현상은 덩이줄기 비대기에 주로 발생하는데, 갑작스런 이상기후가 나타나는 경우에도 발생한다.

주당 덩이줄기 수는 품종의 고유 특성이므로 유전적인 영향을 많이 받으나 씨감자의 전처리(산광싹틔우기, 육아 등), 줄기 수의 증감, 비료주기(시비), 북주기(배토) 등 재배 관리에 따라서 달라진다.

덩이줄기 비대기

덩이줄기 비대기는 꽃이 피는 시기부터 잎과 줄기가 누렇게 변하는 시기까지이다. 지상부의 잎과 줄기가 꽃이 필 때를 지나게 되면 지상부의 신장생장에서 양분의 축적생장으로 전환되며, 덩이줄기의 비대는 이때부터 시작하여 꽃피는 시기가 끝날 때까지 계속되고 잎과 줄기가 누렇게 변하는 황변기 직전까지 이루어진다.

덩이줄기 비대 초기에는 잎과 줄기의 자람이 가장 왕성하여 초장의 경우 하루에 약 3cm 정도 자라며, 이후의 덩이줄기 비대 성기에는 지상부의 동화물질이 대부분 지하부 덩이줄기로 이행하므로 지상부 생육은 둔화된다. 덩이줄기 비대 종기에는 지상부의 잎과 줄기가 쇠퇴하여 광합성 능력이 감퇴하고 덩이줄기의 비대속도도 떨어진다. 따라서 감자재배에 있어서 꽃필 때까지 엽면적을 최대로 확보하는 것이 필요하다. 엽면적을 빨리 확보하기 위해서는 비료의 균형 시비가 중요하며, 특히 질소와 칼리의 적정한 시비가 필요하다. 또한 잎의 크기, 잎 수 등은 파종 시기, 빛, 온도, 습도 및 강수량 등에 의해 영향을 받는다.

높은 온도, 가뭄, 일조량이 많을 때에는 잎이 작아지지만 반대의 경우에는 잎이 커진다. 또한 온도가 낮을 때에는 잎맥 사이에 주름이 생겨 쭈글쭈글한 형태로 나타난다.

구분	덩이줄기 형성기	덩이줄기 비대기	덩이줄기 성숙기
꽃의 발달	꽃봉오리 발달	꽃이 핌	꽃이 떨어짐
잎의 형태	직립성	얇아지고 개장	윤기가 없고 아래쪽 낙엽
잎의 색깔	농녹색	연녹색으로 변하며 아랫잎이 황화됨	연녹색으로 퇴색되고 황화됨
줄기	직립이고 곁눈 발생이 없음	직립상태에서 누우며 원줄기 생장이 멈추고 곁가지가 발생함	색깔이 퇴색되고 잎 수가 적어짐

덩이줄기의 비대는 매우 왕성하여 비대 최성기에는 1포기 당 하루에 40g 정도로 무게가 늘어나 10a당 200kg 내외 까지 증가할 수 있다. 그러나 덩이줄기 비대기에 토양 수 분, 일조량 등이 부족하게 되면 덩이줄기의 비대 속도가 떨어지며, 특히 토양 수분의 급격한 변화는 기형(畸形) 감 자를 많아지게 한다.

덩이줄기 비대기에는 수분 요구량이 감자 생육기간 중 가 장 많으므로 이 시기에는 토양 수분이 충분하도록 유지 해야 품질을 높이고 수확량도 늘릴 수 있다. 또한 밤낮 동 안의 온도차가 커야 덩이줄기 비대가 빠르고 전분 축적이 잘 이루어진다. 덩이줄기 비대기는 지역에 따라 차이가 있 으나 봄재배의 경우에는 보통 5월 중순~6월 상순이며, 뒤로 갈수록 온도가 올라가고, 밤낮 온도의 일교차도 적 어진다.

가을재배의 경우 9월 중순~10월 상순으로 뒤로 갈수록 온도가 낮아지고 밤낮의 온도 일교차가 커져서 덩이줄기 비대속도가 봄재배보다 빠르다. 이와 같이 덩이줄기 비대 와 기온 관계에서 볼 때, 봄재배의 경우 빨리 심거나 초기 생육을 촉진하여 덩이줄기 비대기가 기온이 너무 높아지지 않는 시기에 도달되도록 조절해야 한다. 또한 가을재배는 생육기간 연장을 위해 생육 후기의 서리 피해를 예방할 수 있는 방법을 강구해주는 것이 좋다.

덩이줄기 성숙기

덩이줄기의 비대가 정지되고 잎과 줄기가 말라 죽게 되면 덩이줄기는 완숙단계에 도달한다. 이때 표피가 충분히 굳어져야 기계적인 상처가 줄어들고 저장력도 향상된다. 또한 덩이줄기가 완숙되면 땅속줄기에서 잘 떨어져 수확작업도 쉬워진다. 따라서 이때에는 토양 수분이 적어야 껍질이 잘 굳어지고 품질이 향상되므로 덩이줄기의 비대 후기에는 토양 수분을 다소 건조하게 관리해야 한다.

특히 우리나라의 봄재배의 경우 심는 시기 및 덩이줄기 비대기에는 건조하지만 덩이줄기 비대말기에는 장마가 닥치게 되어 감자의 품질을 크게 손상시키는 경우가 종종 발생한다. 그러므로 봄감자 재배는 장마 이전에 모두 수확을 완료하는 것이 좋다.

04 생육단계와 환경

감자의 생육에 관여하는 요인 중 대표적인 요소로는 온도, 일조량, 강수량, 토양 등이 있다.

온도

감자의 생육을 싹의 출현부터 살펴보면, 싹은 5℃부터 자랄 수 있고 생육에 적당한 온도가 비교적 낮은(호냉성) 작물이다. 덩이줄기가 굵어지는 데 좋은 온도는 15~18℃이고, 지상부인 잎과 줄기의 발육에는 21℃가 가장 적당하다. 온도가 높으면 잎이 작아지고 주름이 생기며, 27~30℃ 이상에서는 땅속줄기의 형성과 덩이줄기 비대가 정지되고 호흡작용이 왕성하여 동화물질이 감자 덩이줄기에 쌓이기보다 호흡을 통하여 소모되는 양이 많아진다. 그러나 낮에는 비교적 온도가 높더라도 밤 온도가 낮으면 동화물질의 축적에 유리하므로 밤낮 온도차가 큰 것이 덩이줄기의 비대를 충실하게 하는 데 좋은 조건이다.

보통 감자가 자라기에 적당한 온도는 14~23℃이며, 덩이줄기가 굵어지는 데는 낮 온도가 23~24℃, 밤 온도가 10~14℃일 때가 가장 좋다. 이러한 조건으로 볼 때 우리나라에서 감자가 자라기에 적당한 시기는 4~5월과 9~10월이라 할 수 있다. 특히 가을에는 밤낮 온도차가 크므로 덩이줄기 비대에 매우 유리하다.

일조량

감자는 햇빛을 많이 받는 것이 좋다. 햇빛을 많이 받으면 탄소동화작용이 왕성하게 되고, 잎과 줄기의 조직이 견고해지며, 엽록소가 많아져 잎이 진한 녹색이 된다. 또한 육질이 두꺼워지고 전분함량도 높아져 성숙을 촉진시킨다.

우리나라 평난지의 봄과 가을재배에 일조부족에 따른 피해는 크게 문제가 되지 않으나 고랭지 여름재배에서는 6~7월 장마기간이 길어질 때 일조 부족에 의한 수량 감소가 종종 나타난다. 고랭지 여름재배와 같이 일조량이 부족하여 잎과 줄기의 웃자람이 심한 지역에서는 감자재배 시 질소 비료를 적게 주어 웃자람을 줄여주는 것이 일조 부족에 대한 대책이 될 수 있다.

강수량

감자는 비교적 건조한 것이 생육에 유리하다. 감자의 수분 요구량은 300~600g 정도로서 전 생육기간을 통하여 필요한 강수량은 300~450mm 정도가 알맞다. 특히 감자의 생육기간 중 물을 가장 많이 필요로 하는 시기는 덩이줄기 비대기이고, 그 다음은 싹이 나오는 출현기이다. 반대로 덩이줄기 성숙기, 즉 잎과 줄기가 누렇게 변하는 황변기부터 수확기까지는 다소 건조한 것이 좋다.

우리나라의 기상 조건을 볼 때 봄감자가 싹이 나올 때부터 덩이줄기 비대기까지와 가을재배의 덩이줄기 비대기에는 강수량이 비교적 적어 가뭄 피해가 많이 발생한다. 그리고 봄감자 재배 시 잎과 줄기의 황변기부터 수확기까지는 장마기에 도달하여 과습의 피해가 많다.

감자는 침수에 매우 약한 작물이다. 침수 피해에 대한 정도는 생육 시기, 물의 온도, 물의 속도, 물의 혼탁도, 침수 시간 및 토양 조건 등에 따라 다르다. 일반적으로 침수 피해는 6~7월에 많이 발생하는데 이때는 물의 온도가 높고, 호흡작용이 왕성한 시기이므로 침수 시에는 덩이줄기가 심하게 썩는 경우가 있다.

봄감자의 수확 시기에 관한 조사에 의하면 침수 시 물을 뺀 직후 수확할 때 침수 후 24시간이 지나면 썩기 시작하고, 36시간 침수는 41%, 48시간 침수 시는 100% 썩었으며, 물이 빠진 3일 후 수확할 경우 36시간 이상 침수는 100% 썩는 것으로 나타났다. 또한 침수된 덩이줄기는 저장성이 현저히 떨어지는데, 침수 시간이 길수록 부패율이 증가하여 24시간 이상 침수된 덩이줄기는 저장 중 부패가 급격히 진행되므로 저장이 불가능한 것으로 나타났다. 그러나 침수 후 수온이 10℃ 이하일 때 48시간까지는 감자의 부패가 크게 나타나지 않았다. 이와 같이 감자는 침수에 대한 저항력이 매우 약한 작물이므로 감자를 심은 후에는 감자밭 주위에 물 빠짐이 잘 되도록 배수로를 설치하여 재배지가 과습하지 않도록 관리하여야 한다. 특히 수확기에는 건조한 환경에서 관리하여 덩이줄기의 성숙을 촉진함으로써 감자를 운반하거나 저장하는 중에 품질이 떨어지지 않도록 해야 한다.

토양

토양은 작토층 ●이 깊고 유기물이 풍부하며, 물 빠짐이 좋고 바람이 잘 통하는 모래참흙이나 참흙이 좋다. 질참흙처럼 진흙 성분이 많은 토양은 관리하기 어렵고 물 빠짐과 공기 순환이 제대로 안 되어 뿌리와 땅속줄기가 잘 자라지 못하며, 과습으로 인한 덩이줄기의 부패를 늘리기 때문에 적당하지 못하다.

토양 산도는 pH 5.0~6.0이 좋으며 알칼리성 토양에서는 더뎅이병 발생이 증가하고 과도한 산성 토양에서는 흑지병 발생이 증가하는 경향을 보인다.

감자는 흙 속에서 굵어지므로 다른 작물에 비해 토양의 토성뿐 아니라 토양의 3상 [기상(氣相), 액상(液相), 고상(高相)] 조건에 큰 영향을 받는다. 그러므로 감자를 심기 전 깊이갈이를 하고 흙 부수기를 고르게 하며, 잘 썩은 유기물을 많이 넣어주어 토양을 비옥하게 함은 물론 부드럽게 하는 것이 수확량을 늘리는 데 매우 중요하다.

제4장 감자의 생장과 발육

▶ 수확한 덩이줄기에서 싹이 발생하는 의미는 저장이라는 측면(손실을 의미함)과 재배적인 측면(종자의 활력) 두 가지로 볼 수 있다.

▶ 재배적 측면에서 싹이 나오는 단계에 약한 광을 쬐주는 산광처리 감자를 재배할 때에는 질소 시비에 특별히 유의하여 잎과 줄기가 웃자라지 않도록 하는 것이 중요하다.

▶ 꽃의 발달은 일장과 온도에 따라 달라지는데, 단일 조건보다는 장일 조건에서 촉진되며 온도는 낮 온도보다 밤 온도가 꽃의 발달에 크게 영향을 미친다.

▶ 감자의 휴면기간은 품종에 따라 차이가 크며 휴면기간이 긴 품종은 약 4~5개월까지 휴면을 하고, 휴면기간이 짧은 품종은 2개월 미만인 것도 있다. 그러나 4℃ 정도로 저온 저장을 하면 휴면기간은 이보다 훨씬 길어진다(수미, 남작, 대서 등은 3개월 정도 대지, 추백, 새봉, 방울은 50~60일 정도).

▶ 씨감자의 싹은 5℃ 이상에서 자라기 시작하므로 싹이 빨리 땅 위로 올라오게 하기 위해서는 온도, 토양 수분 등의 환경을 싹의 생육에 알맞게 조절해야 한다.

▶ 감자의 생육에 관하는 환경 요인으로는 온도, 일조량, 강수량, 토양 등이 있다.

MEMO

제5장
감자의
주요 성분과 품질

감자 생산에 있어서 양적 측면보다 품질이 더 중요시된 요즘, 감자의 주요 성분과
용도별 성분, 형태적 품질을 알아보고 농산물의 상품성과 유통 효율을 높이는 품
질 판정 기준에 대해 살펴본다.

1. 덩이줄기의 성분
2. 덩이줄기의 이용과 품질
3. 품질판정 기준

01 덩이줄기의 성분

국민소득이 향상됨에 따라 식생활 양식도 과거에는 양적인 측면이 중시되었으나 최근에는 품질 위주로 변화되어 가고 있다. 이에 따라 감자 생산도 과거에는 수량적인 측면을 중요하게 여겼으나 최근에는 식생활의 이용 형태에 따른 품질을 중요하게 여긴다.

덩이줄기의 화학적 성분은 감자의 이용적인 측면과 밀접한 관계가 있다. 예를 들면 전분 원료용 감자는 품질 좋은 전분을 많이 함유하고 있고, 상대적으로 수분함량은 적어야 유리하다. 삶은 감자나 반찬용과 같은 부식(副食) 등 일반 식용으로 이용될 감자는 색깔, 육질, 풍미, 영양가 등에 관계되는 성분들이 균형 있게 함유되어 있는 것이 바람직하다. 그러나 덩이줄기의 화학적 성분은 매우 다양하며, 이러한 성분들 중에는 이용성 면에서 볼 때 관계가 명확하지 않은 성분도 많다.

따라서 이 장에서는 감자의 이용성 면에서 가장 관계가 깊은 화학적 성분인 건물, 전분, 당, 단백질 또는 아미노산, 비타민, 솔라닌, 회분, 색소 등의 성분에 대해서 품종 또는 재배 조건에 따른 영향을 개괄적으로 설명하고자 한다. 덧붙여 전분 원료, 부식, 가공식품용 등 용도에 따른 품질에 대하여 알아본다.

건물

건물함량(Dry Matter Content)은 감자에서 매우 중요한 요소로, 주로 유전적으로 결정되기 때문에 품종에 따라 차이를 보인다. 건물함량의 60~80%는 전분으로 구성되어 있어 덩이줄기의 건물함량과 전분함량은 매우 높은 상관관계를 가지고 있다.

건물함량은 감자를 칩으로 가공할 때 제품의 생산성과 매우 높은 상관이 있으며, 삶았을 때에도 중요한 맛의 구성 요소이기 때문에 매우 중요한 품질 요인으로 손꼽힌다.

건물함량에 미치는 요인들은 여러 가지가 있는데 주요한 요인들로는 품종, 숙기, 질소 시비량에 따른 생장 양상, 기상, 토양, 칼륨 비료량 등이며, 이 중 가장 중요한 요인은 품종의 선택이다. 일반적으로 숙기가 빠른 조생종이 만생종보다 건물함량이 낮다. 동일한 품종이라도 재배되는 토양 조건에 따라서도 건물함량이 다르며, 재배지에서의 재배 기간이 길어질수록 건물함량도 높아진다. 또한 같은 품종에서도 덩이줄기의 크기가 작을수록 건물함량이 낮다. 그러나 일정 크기 이상의 덩이줄기에서부터는 오히려 건물함량이 낮아진다.

감자의 생육에 미치는 질소 시비의 영향은 매우 크다. 왜냐하면 질소는 지상부 생육 기간을 늘려주어 덩이줄기의 성숙을 방해하기 때문에 건물함량이 낮아지게 한다. 만약 적정 질소 비료량보다 더 많은 질소질 비료를 주게 되면 광합성에 필요한 적정량 이상으로 지상부가 발달하여 덩이줄기의 건물함량은 떨어지게 된다. 또한 토양내에 칼륨의 함량이 낮을수록, 강수량이 적을수록 건물함량은 높아진다.

건물함량은 비중과 고도로 밀접하게 연관되어 있고, 비중은 건물함량에 비해 손쉽게 측정할 수 있어 비중을 측정하여 건물함량으로 환산하는 방법을 이용하고 있다. 비중에 의한 건물함량의 추정공식은 나라마다 다소 차이가 있으며, 대표적으로 사용되는 공식은 다음과 같다.

일　본 : 건물함량(%) = 196.41×비중−191.48
미　국 : 건물함량(%) = 221.2×비중−217.2
네덜란드 : 건물함량(%) = 24.182+(211.04×비중)
　　　　　　　　　　−(211.04×1.0988)

전분

덩이줄기에서 수분을 빼면 덩이줄기는 대부분 전분으로 구성되어 있다. 전분은 세포 내에서 전분 입자의 형태, 아밀로스(21~25%)와 아밀로펙틴(75~79%)의 두 중합체로 존재한다. 감자 건물함량의 55~75%는 전분으로 구성되어 있으며, 전분함량은 재배 지역, 재배 조건, 수확 시기, 저장 조건 및 저장 기간 등에 따라 차이가 있고 품종에 따른 차이가 크다. 일반적으로 신선한 덩이줄기의 건물률은 18~28%인데 대개 건물률에서 약 6%를 뺀 수치가 전분함량에 해당한다. 따라서 덩이줄기의 건물률이 낮으면 건물중의 전분함량도 낮아지는 경향을 알 수 있다. 덩이줄기의 비중과 건물중 및 전분함량 간에는 고도로 정(+)의 상관관계가 있는데 전분함량을 구하는 공식은 다음과 같다.

일　본 : 전분함량(%) = 214.5(비중−1.050)+7.5
네덜란드 : 전분함량(%) = 17.55+0.891(건물함량−0.956)

감자전분은 단립상태로서 입자의 지름이 2~100㎛이며 평균 약 30㎛이고 입자 지름의 크기는 품종에 따라 차이가 있으며 품종 간 차이는 재배 지역에 따라서 크게 달라지지 않는다. 감자의 전분은 다른 전분에 비하여 호화 온도가 낮고 쉽게 호화되며 점도가 높은 특징이 있다. 이러한 전분의 점도는 품종 간 차이와 재배 지역에 따라서 다르다.

전분 중 무기성분의 조성도 품종 및 재배 지역에 따라 차이가 있다. 전분에서 인산함량은 대개 0.063~0.124% 함유되어 있는데 인산함량이 증가할수록 감자의 점도도 증가하는 것으로 알려져 있다.

당

감자의 당은 주로 비환원당인 서당(Sucrose), 환원당인 포도당(Glucose)과 과당(Fructose)으로 구성되어 있다. 감자에서 당함량은 가공에 있어서 품질에 미치는 영향이 크므로 대단히 중요하다. 예를 들면 당함량이 높은 감자를 칩(Chip)이나 감자튀김(French Fry) 등으로 가공했을 때 갈변화 반응(Maillard Reaction)에 의해서 제품 색깔이 어두운 갈색으로 변하여 상품성이 떨어진다.

완전히 성숙된 덩이줄기를 수확한 직후의 당함량은 낮으며 일반 덩이줄기의 건물중에는 서당이 0.5~1.0%이며 그 중 환원당(포도당과 과당)은 0.05~2.0% 정도에 지나지 않는다. 수확 직후 당함량은 품종에 따라 차이가 큰데 우리나라 재배 품종을 보면 추백, 대지는 수미보다 높은 편이며, 칩가공용 품종인 대서, 고운, 새봉이나 하령은 낮다. 또한 당함량은 재배 조건에 따라서도 달라진다. 예를 들면 재배 시 질소를 많이 주면 환원당 함량이 높아지고, 칼륨, 특히 염화칼륨을 많이 주면 환원당 함량이 낮아지며, 자라고 있는 미숙 덩이줄기는 당함량이 높으나 성숙할수록 당함량이 줄어든다. 그러나 당함량에 가장 큰 영향을 미치는 것은 수확 후 저장 조건이며, 특히 저장 온도와 저장 기간이 큰 영향을 미친다.

즉 4℃의 저온에 저장하면 환원당 함량이 증가하고 18~20℃의 고온에 저장하면 감소하므로 4℃에 저장한 감자를 가공하려면 얼마동안 고온에 저장하여 환원당 함량을 가공에 적합한 농도 이하로 낮춘 후 가공해야 한다. 이러한 과정을 가온조정

(Reconditioning)이라고 하는데, 이 과정 동안 덩이줄기에 집적된 환원당 함량 중 약 80%가 다시 전분으로 전환되고 나머지 20%는 호흡으로 손실된다. 일반적으로 생감자를 칩으로 가공할 경우 허용되는 가장 이상적인 환원당 함량은 0.2% 이하로 보고되어 있다. 감자튀김의 경우에는 칩보다 약간 높은 0.5%이다.

단백질

일반적으로 감자는 생체 중 100g당 1.6~2.1g의 단백질을 함유하고 있다. 감자가 가지고 있는 단백질의 양을 다른 식품들과 비교해보면 많지는 않다. 그렇기 때문에 주요한 단백질의 급원으로 이용되지는 않지만 감자 소비량이 많은 나라에서는 매우 중요한 양분의 급원으로 인식되고 있다. 영국의 경우 전체 단백질 흡수량을 다른 식품들과 비교했을 때 감자에서 3.4%, 계란에서 4.6%, 생선에서 4.8%, 치즈에서 5.8%로서 감자가 차지하는 비율이 상당히 높다.

단백질함량은 품종이나 재배 조건, 요리 방법이나 저장 조건 등에 따라서 달라진다. 토양 중에 인산(P), 칼륨(K), 마그네슘(Mg) 등이 부족하면 단백질함량은 높아지지만 감자 수량이 감소되며 질소의 중시는 단백질함량을 증가시킨다. 감자 덩이줄기 중의 단백질은 약 20여 종의 아미노산으로 구성되어 있으며, 이들 중 특히 라이신의 함량이 매우 높아 중요한 급원이 되고 있다. 반면에 메티오닌과 시스틴 같은 아미노산의 함량은 매우 낮다. 아미노산 조성은 품종이나 비료 종류, 시비량 등에 따른 큰 변화는 없다.

아미노산	으깬감자	감자빵	찐감자	칩	프렌치프라이
Isoleuicine	0.89	3.46	2.89	1.21	5.51
Leuicine	1.09	4.21	2.25	1.54	7.94
Lycine	1.10	3.66	2.03	1.31	2.54
Methionine	0.26	0.92	0.47	0.35	1.62
Phenylalamine	0.86	2.79	1.57	1.04	5.29
Threonine	0.76	2.48	1.47	1.02	3.32
Tryptophan	0.24	0.57	0.45	0.22	0.89
Valine	1.19	4.22	2.48	1.25	5.46

비타민

감자에는 다양한 종류의 비타민이 들어 있는데 특히 비타민 C가 가장 많이 들어 있다. 갓 수확한 생감자 100g에는 15~25mg의 비타민 C가 들어 있다. 비타민 C의 함량은 감자가 자라고 굵어지는 동안 늘어나지만 완전히 성숙한 덩이줄기보다는 조금 덜 성숙한 덩이줄기에 더 많이 들어 있으며, 건물함량이나 감자의 크기에 따른 차이는 없다. 비타민 C는 감자 전체에 고르게 분포되어 있지만, 일부 연구 결과에서는 덩이줄기의 중심부보다 외측 부분에 많다고 보고되고 있다.

비타민 C 함량은 품종이나 재배 지역에 따라 차이가 있으나 질소 시비량과 흙의 종류, 재배 시기 등과의 관련성은 분명하지 않다. 또한 감자를 10℃ 이하의 저온에서 저장할 경우 비타민 C의 함량이 감소하여 3~4주 후에는 품종 간 차이는 있으나 약 10%~33%의 감소를 보인다. 감자를 조리하는 방법에 따른 비타민 C의 손실 정도를 보면 감자 껍질을 벗기지 않고 감자를 찐 경우 10~15%, 껍질을 벗기고 찐 경우 10~30%, 압력솥에 찐 경우 15~25%, 삶거나 구운 경우 20%, 전자레인지에서 조리한 경우 25%, 오븐에 구운 경우 20~45%, 칩가공의 경우 35~50%, 감자가루나 프레이크의 경우 약 70%의 손실이 발생한다. 비록 가공 과정에서 비타민 C의 손실량이 많더라도 제품 생산의 최종 과정에 비타민 C의 첨가에 의해 함량을 증진시킬 수 있다. 감자에는 비타민 C 이외에도 적은 양이지만 비타민 B 그룹도 들어 있다.

솔라닌

감자의 주요한 글리코알칼로이드(Glycoalkaloid) 성분으로 α-Solanine과 α-Chaconine이 존재하는데, 이 두 성분은 Solanidine에서 유래되었다. 이 성분들은 감자를 굽거나 튀길 때 약간 감소하지만 조리에 의해서는 잘 파괴되지 않는다. 솔라닌은 아린 맛을 내는 성분으로 당을 함유한 알카로이드의 일종으로서 솔라닌 분자 내에 당을 포함하지 않은 부분을 솔라닌이라고 부른다. 솔라닌은 일반 덩이줄기의 건물에는 0.01~0.1% 함유되어 있으며 식물체에는 줄기, 잎, 꽃 및 열매에 많이 들어 있다. 덩이줄기에는 부분에 따라서 솔라닌 농도가 차이 나는데 덩이줄기의 내부보다는 외부에 많으며 특히 눈에 많이 분포되어 있다. 덩이줄기에 빛을 쪼이면 솔라닌함량이 증가하는데, 표피 부분에서 많이 증가하고 내부의 수부 부분에는 변화가 없다. 솔라닌함량의 분포와 빛에 의한 녹화 관계는 품종 간 차이가 있고, 광 노출시간, 광도 및 광 파장과 관계가 있으며, 감자 표면에 미네랄오일이나 레시틴을 처리하여 광에 의한 Glycoalkaloid 성분의 증가를 감소시킨 보고도 있다. Glycoalkaloid는 저장기간 동안 증가하며 저온에 저장한 감자가 고온에 저장한 감자보다 솔라닌의 집적량이 많아 더 쓴맛을 낸다. 생감자 100g 중 솔라닌 함량이 55mg 이상 함유되었을 경우 먹었을 때 매우 위험할 수 있다. 일반적으로 솔라닌은 생감자 100g당 10mg 전후로 함유되어 있는 경우가 많으며 20mg을 초과할 경우 식용에 부적당한 것으로 알려져 있다.

무기질(회분)

덩이줄기 건물 중에는 4~6%의 무기질 성분이 들어 있으며 무기질의 함유량은 생산 지역, 품종, 재배 방법 등에 따라 차이가 있다. 감자의 무기질 중 무기성분 조성을 보면 〈표 5-2〉와 같다.

〈표 5-2〉 감자 덩이줄기 중의 무기성분 함량(mg/100g)

무기성분	함량	무기성분	함량	무기성분	함량
P	43~605	Li	미량	Cl	45~805
Br	0.48~0.85	K	1,394~2,825	Mo	0.026
Ca	10~120	As	0.035	Zn	1.7~22
B	0.45~0.86	Fe	3~18.5	Cu	0.6~2.8
Na	46~216	Co	0.007	Si	5.1~17.3
I	0.05~0.39	S	43~423	Mn	0.13~8.5
Mg	0~332	Ni	0.026	Al	0.2~35.4

색소

감자의 표피색과 육색에 관여하는 색소로 황색 계열은 카로티노이드, 자주색과 적색 계열은 안토시아닌이 있다. 이들 색소는 모두 후대로 유전되는 특성을 가지고 있다. 생감자 100g당 카로티노이드의 함량은 품종에 따라 차이가 있지만 약 14~343mg 정도 함유되어 있다. 덩이줄기 내 카로티노이드 색소의 분포는 일정하지 않은데 표피 조직에서 더 많이 관찰된다.

감자의 표피 또는 육색에서 부분적으로 또는 완전히 적색이나 청색, 자주색 등으로 착색된 것을 볼 수 있는데, 이것은 덩이줄기 내부의 주피* 또는 외피세포의 즙에 녹아 있는 안토시아닌 때문이다. 덩이줄기가 오랫동안 빛에 쪼이면 표피에 클로로필**이 형성되어 녹색으로 변한다. 녹화된 덩이줄기는 상품 가치가 떨어지므로 식용감자 생산을 목적으로 재배할 때에는 생육 중 북주기 작업과 수확 후의 저장 조건에 주의하여 덩이줄기를 빛에 노출시키지 않도록 해야 한다.

덩이줄기의 이용과 품질

용도별 성분적 품질

가. 전분 원료용

감자 전분은 옥수수 전분 등과 함께 스낵류의 원료가 되며 가격면에서도 옥수수 전분보다 비싸 고급 스낵류로 인식되고 있다. 덩이줄기를 구성하는 주요 성분은 수분과 건물로서 수분은 생체 중 약 75~85%를 차지하며, 건물은 15~25%를 차지하고 있다.

감자의 건물을 구성하는 주요 성분은 전분이므로 전분원료용 감자에서는 무엇보다도 건물률이 높은 감자가 바람직하다. 생감자의 경우는 보통 80% 전후의 수분을 함유하고 있으므로 원료의 수집 및 수송 능률 등에 제한 요인이 되고 있다. 현재 전분 제조 공정에는 덩이줄기 중 수분을 유효하게 이용할 수 있는 방법이 없으므로 전분용으로 이용하는 데 있어서는 전분의 함량이 품질보다 더 중요시되고 있다. 따라서 전분용 감자에 요구되는 건물함량은 최소 20% 이상이 되어야 한다.

Tip

호화●
녹말에 물을 넣어 가열할 때에 부피가 늘어나고 점성이 생겨서 풀처럼 끈적끈적하게 되는 현상

전분용으로 적합하여 주로 재배되는 품종으로는 미국의 데날리(Denali)와 일본의 베니마루(紅丸, Beni-maru)나 코나후부키(Konnafubuki) 등이 있다. 감자의 전분입자는 비교적 잘 분리되며, 불순물이 적고, 흰 색도가 높고

호화●할 경우 점도가 높아지는 특색을 갖추어야 하는데 이러한 성질은 대부분 원료에 의해서 좌우된다.

우리나라에는 전분용 품종의 재배가 전혀 이루어지지 않고 현재 재배 중인 품종에서 일부 전분을 추출하고 있다. 이는 국내 감자 가격이 비싸므로 전분을 추출할 때 외국산 전분에 비하여 가격 경쟁에서 뒤지기 때문인데, 매년 약 20만 톤의 전분이 외국으로부터 수입되고 있는 실정이다. 감자 전분은 국수나 면류 등 식료품이나 접착제, 의약품, 과자류 등 용도가 대단히 많다.

나. 조리용
조리용 감자는 외관에 관계되는 품질과 요리 후에 관계되는 품질 등이 유통과정에서 가격과 관계된다.

감자의 껍질을 벗겨 놓으면 시간이 경과됨에 따라 육질의 색깔이 검은색으로 변화하며 이것은 삶은 후에도 검은색으로 나타나는데, 특히 땅속줄기 부분에 심하게 나타난다. 이러한 흑변현상은 효소에 의한 것으로 식용감자의 품질에 중요한 영향을 미친다. 이러한 흑변은 감자에 함유된 철분과 페놀화합물의 반응으로 생성되며 구연산 등의 유기산, pH, 혹은 효소의 반응에 관련이 있다. 이와 같이 삶은 후의 흑변현상은 품종 간 차이가 크므로 흑변현상에 강한 품종의 선발이 효과적이다.

삶은 후 감자의 육질은 분질과 점질로 구분되는데 우리나라의 품종 중 남작과 하령은 분질이고, 수미나 고운은 점질이다. 감자의 육질은 요리 방법과 소비자의 기호도에 관계되므로 단순히 좋다 또는 나쁘다라고 말하기는 어렵다. 분질의 경우에는 삶아서 먹는 데 적당하고, 점질은 요리 또는 칩 등 가공용으로 적당하다.

분질의 정도는 전분함량과 밀접한 관계가 있으며 전분함량이 높을수록 분질성이다. 삶는 정도에 따라서도 분질의 정도가 다르게 나타난다. 같은 품종 내에서도 최적 조건에서 충분한 생육기간을 확보하였을 때 그 품종의 최고치 전분가를 나타내는데 정상적인 감자의 성숙기보다 빨리 수확한 감자에서는 전분가가 낮아진다. 그러므로 알맞은 생육 조건에서 충분한 기간을 확보하여 재배하는 것이 감자의 품질을 높이는 최선의 방법이다.

다. 가공용

가공제품의 종류에 따라 다르지만 가공식품 원료로 쓰이는 감자는 가공제품에 영향을 미치는 공통적인 요인이 있다. 원료 감자의 외적·내적 품질 및 제품의 수율 등에 관계되는 요인이 그것이다.

Tip

그래뉼●
미세한 분말 상태의 건조식품을 알맞은 습도 중에 두면 흡습하며 분말성분이 점착성을 가지게 되어 분말은 응집하여 30~150배의 큰 입자를 형성하는데, 이것을 재건조한 과립화된 상태를 말한다.

장타원●●
보통타원형보다 조금 긴 모양

장원형●●●
길쭉하게 둥근 타원

제품의 수율에 영향을 크게 미치는 것은 덩이줄기의 건물률이다. 포테이토 프레이크나 그래뉼● 같은 탈수제품에서는 건물률이 제품의 수율에 직접적인 영향을 미친다. 튀김의 경우에도 건물률이 낮으면 튀김용 기름의 소비가 많고 연료 소비도 많아져 생산비가 증가하여 불리하게 되고 제품에 기름의 함유량이 많아 품질이 나빠진다.

프렌치프라이나 감자칩에서 품질을 좌우하는 것은 환원당(Glucose, Fructose)함량인데, 원료 감자의 환원당 함량이 높으면 기름에 튀긴 후 제품의 색깔이 어두운 갈색으로 나타나 제품의 품질이 떨어진다. 보통 덩이줄기를 오랫동안 저장할 때에는 병해 발생, 덩이줄기의 탈수에 의한 양분 손실, 맹아 방지 등을 위해서 10℃ 이하의 낮은 온도에 저장을 하게 된다. 그러나 저온 저장을 하게 되면 저장 중 감자 내부에 환원당 함량이 급격히 증가해 가공을 하려면 환원당 함량을 낮추는 조치가 필요한데, 이렇게 하려면 단계적으로 온도를 서서히 높여 집적된 환원당의 농도를 낮추어 주어야 한다.

가공원료용 감자는 외형적인 모양이 중요하다. 특히 모양이 울퉁불퉁하다든가 눈이 깊으면 가공하기 전 껍질을 벗길 때 원료의 손실이 많아지므로 가공원료용 감자는 모양이 매끄럽고 눈이 얕아야 한다. 그리고 감자를 절단하였을 때 흑변현상이 적은 것이 가공제품의 품질을 향상시키므로 흑변현상이 적은 품종이 요구된다.

용도별 형태적 품질

가. 덩이줄기의 모양

감자는 이용 목적에 따라서 요구되는 모양이 다르다. 예를 들면 프렌치프라이 원료용 감자는 덩이줄기 모양이 장타원** 또는 장원형***처럼 길이가 긴 최상품의 생산량이 많다. 프렌치프라이 가공용으로 적합한 감자 품종으로는 세풍(Shepody), 장원(Russet Burbank), 렘하이 러세트(Lemhi Russet) 등이 있다.

감자칩용은 덩이줄기 모양이 둥근 것이 제품의 모양도 좋고 절단 시 발생되는 손실도 줄일 수 있어 제품의 수율도 높아지게 된다. 우리나라에서 재배되는 대표적인 칩 가공용 품종으로는 대서(Atlantic)가 있고, 최근에는 고운, 새봉 등이 개발되었으며, 외국에서는 Norchip, Gemchip, Doyoshiro 등이 이용된다.

그리고 덩이줄기 모양에서 중요한 것은 눈의 깊이이다. 요리용이든 가공원료용이든 처리 전에 반드시 껍질을 벗겨야 하는데 덩이줄기의 눈이 깊으면 껍질을 벗기기 어렵고 손실이 많이 생긴다.

나. 덩이줄기의 크기

농산물의 유통 특성상 모양이 고르고 크기가 일정해야 상품화 및 규격화가 가능하여 소비자의 욕구를 충족시킬 수 있어 보다 높은 가격을 보장받을 수 있다. 감자의 경우에도 마찬가지이며 너무 크거나 작으면 상품성이 떨어짐은 물론 영양가 면에서도 좋지 않다. 감자의 크기가 작으면 덩이줄기의 충실도가 떨어져 영양가면에서 좋지 않으며, 또한 너무 크면 덩이줄기의 중심부에 공동(空洞)현상*이 발생할 수 있다. 일반적으로 조림용 감자는 50g 내외가 적당하며, 칩가공 원료용 감자는 가공회사에서 70~280g 정도의 크기로 제한하고 있다.

다. 덩이줄기의 충실도

식용 또는 가공용으로 이용할 감자는 충분히 자라 내용물이 충실해야 맛과 영양가 면에서 유리하다. 우리나라와 같이 생육기간이 짧은 재배 지역에서는 성숙하기 전에 수확하는 경우가 많으므로 감자의 품질이 떨어지는 경우가 많다. 그러므로 감자는 지상부의 감자잎이 누렇게 변하여 덩이줄기가 성숙한 다음에 수확하는 것이 가장 좋다.

봄에 감자를 일찍 시장에 내기 위해서 재배할 때에는 PE 필름 멀칭이나 터널 등으로 보온하여 익는 시기(숙기)를 촉진하므로써 충분히 성숙한 감자를 조기에 출하할 수 있다.

Tip

공동현상(空洞現象)*
감자 속에 구멍이 뚫리는 현상

03 　품질판정 기준

우리나라에서는 농산물의 상품성과 유통효율을 높이고 공정한 거래를 실현하기 위해 농산물품질관리법의 규정에 의하여 등급규격, 포장규격을 규정하고 있다.

등급규격

등급규격이라 함은 농산물의 품목 또는 품종별 특성에 따라 수량, 크기, 색택, 신선도, 건조도, 결점과, 성분함량 또는 선별 상태 등 품질구분에 필요한 항목을 설정하여 특, 상, 보통으로 정한 것으로서 감자는 〈표 5-3〉과 같다.

〈표 5-3〉 감자의 등급규격

항목 \ 등급	특	상	보통
다듬기	흙 등 이물질 제거 정도가 뛰어나고 표면이 적당하게 건조된 것	흙 등 이물질 제거 정도가 양호하고 표면이 적당하게 건조된 것	'특', '상'에 미달하는 것
고르기	무게 구분표 상 무게가 다른 것이 10% 이하로 섞인 것	무게 구분표 상 무게가 다른 것이 20% 이하로 섞인 것	
무게	'중' 이상인 것	'소' 이상인 것	
경결점	5% 이하	10% 이하	

※ 단 무게가 조림용인 것은 크기 항목을 적용하지 않는다.
※ 경결점 : 병해충, 상해, 형상 불량, 녹변, 발아 등으로 품질에 영향을 미치는 정도가 경미한 것

포장규격

포장규격은 거래 단위, 포장 치수, 포장 재료, 포장 방법 및 표시 사항 등을 말하는 것으로서 감자는 다음과 같다.

🥔 〈표 5-4〉 감자의 무게 구분

구분 \ 호칭	특대	대	중	소	특소	조림용
1개의 무게(g)	280 이상	220 이상	160 이상	100 이상	40 이상	40 미만

🥔 〈표 5-5〉 감자의 포장규격(겉포장)

단위	포장재 종류	포장치수(mm)		
		길이	너비	높이
5kg	골판지	275	220	170
10kg	골판지	440	330	170
15kg	골판지	440	330	200
20kg	골판지	440	330	255

※ 속포장 : 500g, 1kg
※ 표시사항 : 품목, 산지, 품종, 등급, 무게, 개수, 생산자 또는 생산자 단체의 명칭 및 전화번호

가공용 품질

감자가 가공되어 이용되는 형태를 보면 전분으로 1차 가공되어 생전분은 당면이나 감자떡의 재료가 되고, 변성전분은 컵라면의 원료로 이용된다. 건조감자는 스낵류나 제과용으로 가공되며, 튀김용 감자는 감자칩이나 감자튀김(프렌치프라이), 통감자 튀김으로 가공되며, 증숙냉동된 감자는 스낵류의 원료로 이용된다. 감자는 다양한 방법으로 가공되어 우리 식생활에 이용되며, 용도별로 적합한 구비 조건을 갖추어야 한다.

🥔 〈표 5-6〉 가공용도별로 요구되는 감자의 특성

구분	감자칩	감자튀김 (프렌치프라이)	증숙 냉동	건조 감자	전분
건물량(%)	17~25	19 이상	19 이상	19 이상	-
환원당(%)	0.2 이하	0.3 이하	-	-	-
모양	원형	장원	-	-	-
눈 깊이	얕음	얕음	-	-	-
무게(g/1개)	80~250	-	-	-	-
길이(mm)	49mm 이상	120mm 이상	-	-	-
덩이줄기 내부 생리장해	없음	없음	-	-	-

제5장 감자의 주요 성분과 품질

▶ 전분 원료용 감자는 품질 좋은 전분을 많이 함유하고 있고, 상대적으로 수분함량은 적어야 유리하다.

▶ 건물함량에 미치는 주요한 요인들로는 품종, 숙기, 질소 시비량에 따른 생장 양상, 기상, 토양, 칼륨 비료량 등이며, 이 중 가장 중요한 요인은 품종의 선택이다.

▶ 생감자를 칩으로 가공할 경우 허용되는 가장 이상적인 환원당 함량은 0.2% 이하이다.

▶ 영국의 경우 전체 단백질 흡수량을 다른 식품들과 비교했을 때 감자에서 3.4%, 계란에서 4.6%, 생선에서 4.8%, 치즈에서 5.8%로서 감자가 차지하는 비율이 상당히 높다.

▶ 매년 약 20만 톤의 전분이 외국으로부터 수입되고 있으며, 감자 전분은 국수나 면류, 과자류 등 식료품이나 접착제, 의약품, 등 많은 용도로 쓰이고 있다.

▶ 가공원료용 감자는 모양이 매끄럽고 눈이 얕아야 하며, 흑변현상이 적은 품종을 골라야 한다.

▶ 우리나라에서는 감자 품질판정 기준을 농산물품질관리법의 규정에 의하여 등급규격, 포장규격을 규정하고 있다.

제6장
감자 육종과
주요 품종

현재 전 세계적으로 많은 감자 품종들이 개발되고 있다. 감자 품종은 용도, 재배 시기 등에 따라 구분되는데, 수미, 대지, 대서, 하령, 고운 등의 품종이 재배되고 있다. 주요 감자 품종과 함께 시대의 변화에 따라 다양하게 변화하고 있는 우리나라 주요 감자 재배 품종의 특성에 대해서도 알아본다.

1. 감자 육종의 발달사

2. 영양번식작물로서 감자의 특성

3. 주요 감자 품종 육성방법

4. 감자 품종과 특성

5. 품종 육성 체계

6. 우리나라 주요 재배 품종의 특성

01 감자 육종의 발달사

Tip

고령지시험장●
고령지농업과 감자의 시험연구를 담당하는 농촌진흥청 산하 국립시험연구기관으로 2015년 국립식량과학원 고령지농업연구소로 개편되었다.

육종●●
생물이 가진 유전적 성질을 개선하여 이용가치가 높은 새로운 품종을 만들어 개량하는 일

두 번 짓기(2기작)●●●
동일한 농장(農場)에 1년에 2회 동일한 농작물을 재배하는 재배형식

종자산업법●●●●
식물의 신품종에 관한 사항을 규정하는 법으로, 종자산업의 발전을 도모하고 농림수산업 생산 안정에 이바지하기위해 제정한 법률이다.

우리나라에 감자가 처음 들어온 것은 1824년경이라고 알려져 있으나, 품종에 대해서는 언급이 없어 알 수 없다. 그후 1920년대 초 독일 사람이 운영하던 원산의 난곡농장에서 난곡1호, 2호, 3호, 4호, 5호를 선발하여 우리나라에서 처음으로 감자 품종에 대한 기록을 남긴 바 있다. 또 1928년경 일본 북해도를 통해 남작(Irish Cobbler)이 도입되어 널리 보급되었다. 한편 이 시기에 충남농사시험장에서는 지방종 중에서 선발된 두마2호를 농가에 보급한 바도 있었다.

해방 후 혼란과 한국전쟁으로 중단되었던 감자 품종의 육성은 1961년 강원도 평창군 대관령에 고령지시험장●의 설치와 함께 외국으로부터 도입된 품종을 중심으로 비교시험을 거쳐 남작, Warba, Kennebec, Saco, Shimabara, Tachibana 등이 선발되었다. 또 1965년에는 인공교배를 통한 감자 육종이 본격적으로 시작되어 많은 도입 품종을 중심으로 육종재료를 정비함으로써 도입 품종의 선발과 함께 명실 공히 감자 육종●●의 기반을 갖추게 되었다.

1976년에 수원 원예시험장에 감자과가 증설되어 고령지시험장에서는 봄 및 여름재배용 감자를, 그리고 원예시험장에서는 두 번 짓기(2기작)***용 감자 품종을 육성하다가 1994년 고령지농업시험장으로 통합된 이후 2004년 고령지농업연구소, 2008년 국립식량과학원 고령지농업연구센터(현 고령지농업연구소) 감자연구팀에서 통합하여 감자 품종을 육성하고 있다. 한편 2000년대에 들어서면서 민간의 감자 품종 육성과 씨감자 생산을 촉진하기 위하여 종자산업법****이 개정됨에 따라 민간에서의 감자 품종 육성이 활발하게 진행되어 많은 품종이 출원되기에 이르렀다.

1980년까지는 봄에 모내기 전(답전작) 감자를 수확할 수 있는 숙기가 빠르고 수량이 많은 식용감자를 육종목표로 하였지만, 90년대 이후부터는 감자칩 가공산업이 활발해짐에 따라 가공용으로 알맞은 품종의 선발로 전환하였다. 또한 90년대 후반부터는 기능성 식품에 대한 사회전반의 동향에 따라 다양한 색을 가진 기능성 감자 품종의 육성에도 힘을 기울이고 있다. 2017년 말을 기준으로 하여 다양한 특성을 가진 약 70여 가지의 감자 품종이 육성되었다.

연도	주요 품종	비고
1824	미상	북간도지역에서 처음 도입
1920	난곡1호, 2호, 4호, 5호	원산 난곡농장에서 선발
1928	남작(Irish Cobbler)	일본 북해도를 통해 도입
1940	두마2호	충남농시에서 선발
1960	Warba 등 23 품종	도입 육종 시작
1964	시마바라, 다치바나	일본에서 도입
1965		고령지시험장에서 교배 육종 시작
1976	강원계 6호	장려 품종 지정(고시 육성, 폐기)
1978	수미(Superior), 대지(出島)	장려 품종 지정(미국 1995년 도입) 장려 품종 지정(일본 1976년 도입)
1987	장원(Russet Berbank)	장려 품종 지정(미국에서 도입, 폐기)
1988	세풍(Shepody), 조풍	장려 품종 지정(캐나다, 1982년 도입) 장려 품종 지정(고령지시험장 육성)
1990년대	대서(Atlantic) 남서, 추백, 자심, 가원	장려 품종 지정(캐나다에서 도입) 장려 품종 지정(고령지시험장 육성)
2000년대	자서, 조원, 추동, 신남작, 추강,가황, 추영, 하령, 고운, 서홍, 자영, 홍영	신품종 등록(고령지농업연구소 육성)
2010년대	새봉, 방울, 홍선, 진선, 금선, 다미, 남선, 대광, 만강, 은선, 강선, 수선	신품종 출원·등록(고령지농업연구소 육성)

Tip

영양번식작물●
식물에서 세포생식에 속하는
포자생식이나 무배생식을 제
외한 무성생식을 하는 작물

이형접합성●●
서로 다른 2종이나 변이주 또
는 종족 사이에서 생겨난 자손

실생●●●
감자씨에서 자란 식물체

02 영양번식작물로서 감자의 특성

감자는 영양번식작물[*]이기 때문에 유전적으로 이형접합성[**] 상태이지만 우량한 개체가 선발되면 품종 고정 과정 없이 쉽게 그 형질을 유지할 수 있다. 그러나 육종 시 유전적 분리가 심하고 자식약세가 분명하게 나타나므로 고정을 통한 육종과 번식이 어려워 영양번식을 통해 증식한다. 그러나 이러한 영양번식을 통한 번식법은 바이러스를 비롯한 치명적인 병원균이 쉽게 옮겨져 병에 의한 퇴화가 심해진다. 따라서 일단 선발된 우수 품종이라 하더라도 유지과정에서 병원균에 감염되어 원래의 특성을 발휘하지 못하고 심할 때는 보급에 실패하는 경우도 있으니, 품종의 유지증식에는 병리적인 보호가 뒷받침되어야만 한다.

한편 감자는 배수성이 다양하여 2배체에서 6배체까지 있는데, 현재 재배되는 품종의 대부분은 4배체지만 자연상태에서 존재하는 유전자원의 74% 이상이 2배체 상태로 존재하고 있다. 그러므로 육종 과정에서는 4배체뿐만 아니라 2배체도 적절히 이용하여 4배체의 육종상 단점을 보완하고 있다.

우리나라뿐만 아니라 세계적으로 널리 재배되고 있는 감자 품종들은 대부분 육성된 지 오래된 것들이다. 이와 같이 감자의 육종 효율이 떨어지는 이유는 교배에 사용되는 양친들의 유전적 다양성이 적어 이들 간의 교배로 잡종강세 현상을 얻지 못하기 때문이다. 또한 감자는 동질 4배체이고 극도의 이형접합성으로 영양번식에 의하여 유지되어 왔으므로 교배육종에 의한 실생[***] 다음대에서 우수한 개체가 선발되는 수가 매우 적어 2배체로 존재하는 근연야생종을 이용하고자 하는 연구가 활발히 진행되고 있다.

03 주요 감자 품종 육성 방법

Tip

배수성(倍數性) [*]
생물의 염색체 수가 배수로 증가하는 현상

체세포잡종 [**]
유전적으로 다른 체세포가 합쳐져서 만들어지는 잡종

원형질체 [***]
식물 세포에서 세포벽을 제거한 본체

반수체 [****]
감수 분열을 하여 염색체 수가 체세포의 반이 된 염색체

유전자은행 [*****]
유전자원이 되는 재래종·계통·품종·야생종·유전계통 등을 조직적으로 수집·보존하여 필요로 하는 사람에게 공급해주는 은행과 같은 기관

다른 작물들과 같이 감자의 품종 육성도 목표에 따라 또는 육성단계에 따라 적절한 방법을 선택할 수 있는데, 감자 육종에 활용할 수 있는 육성 방식을 요약하면 다음과 같다.

교잡육종법

교잡육종은 우수한 양친을 선발한 후 이를 인공적으로 교배시켜 종자를 얻는 방법으로 현재 우리나라뿐만 아니라 대부분의 나라들에서 이루어지고 있는 방법이다. 다만 이 방법은 교배에서 농가에 보급할 수 있는 품종을 육성하기까지 8~10여 년이라는 장기간이 소요되는 결점이 있으며, 유전자풀(Gene Pool)이 빈약한 감자에 있어서는 잡종강세를 통한 우수형질의 전이가 어렵다는 단점이 있다.

〈그림 6-1〉 감자의 교배육종법[수술제거 → 꽃가루 묻히기 → 감자열매(장과)]

배수성* 육종법

감자 근연야생종의 78% 이상이 2배체 식물이기 때문에 배수성 육종법은 2배체인 근연야생종의 우수한 형질들을 재배종 4배체로 전이시켜 유전적 다양성을 극대화 시킬 수 있다는 장점이 있다.

체세포잡종** 유기

교배를 통하여 종자를 얻기 어려운 종간에 새로운 유전변이를 만들 수 있는데, 최근에는 원형질체*** 융합을 통해 우수한 형질을 가진 근연야생종의 원형질체를 재배종하거나 또는 재배종 반수체****와 융합시켜 체세포 잡종을 만들 수 있다. 이렇게 세포융합에 의한 체세포 잡종은 모든 유전자가 잡종에 전달될 수 있다.

유전자 전환

유전자 전환은 육종 대상 형질의 목표가 되는 유전자만을 따로 떼어내어 개량하고자 하는 재배종에 도입하는 방법이다. 감자에서는 콜로라도잎벌레, 감자잎말림바이러스, 세균병 등에 저항성을 가진 개체를 얻기 위한 시도가 성공적으로 수행되어 왔다. 그러나 대부분의 근연야생종들은 2배체 상태로 존재하기 때문에 이러한 형질들을 재배종 감자에 도입하기 위해서는 배수체를 만들거나 재배종 반수체를 만드는 등 복잡한 과정을 거쳐야 했지만, 유전자 전환기법을 이용하면 다양한 우수 형질을 재배종에 도입할 수 있다.

다만 그러한 형질이 존재하는 유전자의 위치를 알아내어 분리해야 하기 때문에 유전공학자들은 지금 당장 쓸 수 없는 유전자들도 탐색하고 분리하여 저장한 후 유전자은행*****에 등록하여 놓고 있다. 이렇게 등록된 유전자 중 유용한 것들은 다양한

형질 전환방법을 통해서 재배종에 도입되고 있다. 앞으로
는 기존 품종이 가지고 있는 형질 중 단점들을 골라 유전자
전환을 시킴으로써 육종 효율을 극대화할 수 있을 것이다.

조만성●
농작물이 올되거나 늦되거나
하는 성질

재배지 저항성●●
유전적인 저항성과 관계없이
물리적인 이유에 의해서 재배
중인 식물체에서 나타나는 병
저항성

04 감자 품종과 특성

전 세계적으로 많은 감자 품종들이 개발되어 왔고 넓은 면적에서 재배되고 있다. 감자 품종 소개책자에 쓰인 특성들은 그 특성들이 잘 발현될 수 있는 환경 조건에 대해서 언급하고 있는 경우가 많다. 단지 감자 품종의 몇 가지 특성만이 다양한 농업 기상 조건에서 같고 대부분은 환경 조건에 따라 크게 달라지기 때문에 어떤 감자 품종을 원산지가 아닌 다른 지역에 도입하고자 할 때에는 미리 그 지역에 맞는지 특성들을 평가할 필요가 있다. 기상 조건과 재배 시기가 서로 다른 지역에서, 품종적 특성과 감자의 생육은 그러한 환경과 재배 시기가 밀접하게 연관되어 나타나기 때문이다.

수많은 중요한 품종적 특성들이 〈표 6-2〉에 나타나 있다. 품종 특성 검정체계에서 환경 조건에 따라 크게 변하지 않는 안정적인 특성으로 책에 언급되었다 하더라도 도입하고자 하는 지역에서 환경 조건과 관련하여 특성의 발현 여부를 유심히 살펴볼 필요가 있다.

품종의 특성은 다양한 방법으로 기록될 수 있다. 많은 훌륭한 시스템이 있지만, 하나의 시스템을 선택하였다면 조사의 신뢰성을 확보하기 위해 수년간에 걸쳐 같은 양식으로 조사할 필요가 있다. 특성들은 명확하게 서술하기 어려울 때에는 상대적인 숫자를 이용해 나타낼 수도 있다. 예를 들어 익는 시기(숙기)의 조만성*, 눈 깊이, 재배지 저항성** 등의 경우에 사용한다. 색깔, 모양, 특정 병해에 대한 면역성 여부와 같이 분명하게 특성을 표시할 수 있는 경우에는 문자를 이용하여 표시한다. 이러한 표시들은 국가별로 처한 상황에 따라 다소 차이가 있다.

〈표 6-2〉 감자 품종의 주요 특성

가. 수량성		라. 병해충 저항성	
– 출현율	– 지상부 생육	– 역병	– 홍색부패병
– 줄기의 수	– 덩이줄기의 유도	– 검은무늬썩음병	– 더뎅이병
– 숙기		(흑지병)	(가루더뎅이병)
나. 덩이줄기의 품질		– 풋마름병	– 무름병
– 표피색	– 덩이줄기의 모양	– 줄기검은병(흑각병)	– 잎말림바이러스
– 덩이줄기의 크기	– 눈 깊이	– 바이러스 Y	– 바이러스 X
– 건물함량	– 조리 품질	– 바이러스 S	– 푸사리움(Fusarium)
– 튀김 품질	– 칩 품질		
– 내부 압상		**마. 기상 및 생리장해 저항성**	
다. 질적 조건		– 내부 갈색반점	– 중심 공동
– 휴면기간	– 맹아의 발생	– 2차생장	– 열개(쪼개짐)
– 저장감자의 부패 정도		– 한발(가뭄)	– 고온
– 씨감자 절편 부패		– 바람	– 서리

05 품종 육성 체계

현재 우리나라의 감자 육종체계는 교배육종이 주를 이루고 있다. 교배육종에서 인공 교배 이후 실생세대, 우수계통에 대한 생산력검정시험과 지역적응시험을 거쳐 새로운 품종이 선발되기까지 약 10세대 이상 소요되고 있다. 〈표 6-3〉에서 보는 것과 같이 품종이 육성되어 선발이 이루어지면 씨감자 생산에 여러 해가 걸리기 때문에 감자 품종의 육성이 곧 농업인에게 공급된다는 것을 의미하는 것은 아니다.

감자 육종에 있어 중요시되는 것은 선발과정에서 바이러스에 걸릴 가능성을 줄이는 것이며, 또한 우수한 계통이 안전하게 농가에 보급될 수 있도록 충분한 특성 검토를 하는 것이다. 이를 위하여 실생세대는 온실이나 망실에서 선발하고 있으며, 그 이후에도 안전한 망실 내에서 계통을 유지하면서 재배지 시험을 위한 씨감자를 공급하고 있다.

년차	세대 및 선발기준	시험개체 수	총 개체 수
1년차	〈인공교배〉 여교잡, 개체 또는 집단 선발		
	↓		
2년차	〈실생 1세대〉 덩이줄기 형질, 숙기	1	30,000
	↓		
3년차	〈실생 2세대〉 덩이줄기 형질, 덩이줄기 품질, 숙기 등	1	6,000
	↓		
4년차	〈실생 3세대〉 덩이줄기 특성, 가공 형질, 수량성	12주(단구제)	300
	↓		
5년차	〈생산력검정 예비시험〉 수량성, 내병성, 가공 특성	60주(난괴법 2반복) 대관령 40주 강릉 20주	60
	↓		
6년차	〈생산력검정 본시험〉 생검 예비시험과 동일	240주(난괴법 3반복) 대관령 120주 강릉 120주	15
	↓		
7~9년차	〈지역적응시험〉 재배 안정성, 지역 적응성	960주(난괴법 3반복) 240주 4지역	2~3
10년차	국가품종목록 등재 신청		1

06 우리나라 주요 재배 품종의 특성

우리나라의 감자 품종은 시대의 변화에 따라 다양하게 변화되어 왔다. 과거에는 농촌진흥청에서 개발한 품종들을 정부 장려 품종으로 지정하여 보급하였지만, 2000년대에 종자산업법이 개정된 이래로는 국립종자원에 품종 등록을 하고 있다. 특히 감자는 벼, 보리, 콩, 옥수수와 함께 국가품종목록등재 5대 작물로 지정되어 있으며, 2011년 말 기준으로 새로 육성된 새봉, 방울을 포함하여 약 40여 품종이 출원(등록)되어 있다.

감자를 심을 때에는 재배 시기에 따라 알맞은 품종을 선택하는 것이 가장 중요하다. 아울러 이용하는 방법이나 유통 조직 등 주변 여건에 많은 영향을 받으므로 이러한 점을 고려하여 품종의 특성을 파악해 선택하는 것이 중요하다.

감자 품종의 구분
가. 재배 시기에 따른 구분
감자는 재배 시기에 따라 크게 1기작용과 두 번 짓기(2기작)용으로 구분할 수 있다. 1기작용은 휴면기간이 길어 1년에 한 번, 즉 봄재배 또는 여름재배에 이용되는 품종들인반면 두 번 짓기용은 휴면기간이 짧아 1년에 두 번 재배할 수 있는 품종이다. 우리나라에서는 대략 50~70일 가량의 휴면기간을 가지는 품종들이 두 번 짓기용으로 육성되어 왔다.

- 1기작용 : 남작, 수미, 조풍, 세풍, 대서, 남서, 자심, 가원, 자서, 신남작, 조원, 가황, 하령, 서홍, 자영, 홍영, 다미, 대광, 만강

```
- 두 번 짓기용 : 대지, 추백, 추동, 추강, 추영, 고운, 새봉,
                방울, 홍선, 진선, 금선, 남선, 은선, 강선,
                수선
```

나. 용도에 따른 구분

용도에 따라 식용, 칩가공용, 프렌치프라이 가공용 및 전분용으로 나눌 수 있다. 칩가공용 품종은 감자 덩이줄기 모양이 둥글고 속색이 흰색이며, 건물함량이 높고 환원당 함량이 낮아 감자칩으로 가공하였을 때 칩의 색이 밝은 것이 좋다. 프렌치프라이용은 건물함량이 높아 튀겼을 때 모양이 구부러지지 않고 색이 밝은 것을 쓴다. 또한 모양이 장원형으로 긴 것을 많이 이용한다. 일반적으로 가공용 감자 품종들은 건물함량이 높고 맛이 좋은 품종들이 많아 식용으로도 많이 이용하고 있다. 전분용 감자는 우리나라에서는 경제성이 없기 때문에 개발된 것이 없다.

```
- 식용 : 남작, 수미, 대지, 조풍, 남서, 자심, 자서, 신남작,
         조원, 추백, 추동, 추강, 추영, 하령, 서홍, 자영, 홍
         영, 방울, 다미, 대광, 홍선, 금선, 강선, 수선
- 칩용 : 대서, 가원, 가황, 고운, 새봉, 수미, 진선, 남선, 은선,
         만강
- 프렌치프라이용 : 세풍
```

다. 익는 시기(숙기)에 따른 구분

감자 품종은 익는 시기(숙기)에 따라 조생종, 중생종, 만생종으로 구분할 수 있다. 조생종은 보통 생육기간이 80~95일, 중생종은 95~110일 정도이며 110일 이상이면 만생종으로 구분한다.

우리나라는 사계절이 뚜렷한 기후 특성상 고랭지 여름재배와 겨울시설재배를 제외하고는 중만생종이 적합하지 않기 때문에 되도록 조생종 품종을 육성하기 위해 노력하고 있다.

- 조생종 : 남작, 수미, 조풍, 추백, 가원, 추동, 조원, 가황, 고운, 새봉, 방울, 홍선, 진선
- 중생종 : 대서, 세풍, 남서, 자서, 신남작, 추영, 하령, 서홍, 홍영, 다미, 대광, 금선, 남
          선, 은선, 수선
- 만생종 : 자심, 대서, 추강, 자영, 만강, 강선

품종	육성년도	숙기	내병성		용도	적응지역
			역병	바이러스		
남작	1960	조생	약	약	식용	전국
수미	1978	조생	약	약	식용, 칩가공용	전국
대지	1978	중만생	약	강	식용(두 번 짓기)	중남부 평야
세풍	1988	중생	약	약	프렌치프라이 가공용	전국
조풍	1988	조생	강	강	식용	전국
남서	1995	조생	강	중	식용	전국
대서	1995	중생	중	중	칩가공용	전국
가원	1999	조생	강	강	칩가공용	전국
자심	1999	만생	중	중강	식용(유색감자)	전국
추백	1999	조생	중	중강	식용(두 번 짓기)	전국
조원	2000	조생	강	강	식용	전국
자서	2000	조생	중	강	식용(자주감자)	전국
추동	2001	중생	중	중	식용(두 번 짓기)	제주, 남부
신남작	2001	조생	중	중	식용	중북부 준고랭지
가황	2002	조생	강	강	칩가공용	전국(제주 제외)
추강	2002	중생	강	중	식용(두 번 짓기)	제주, 남부, 동해안
추영	2004	중생	약	중	식용(두 번 짓기)	전남북, 경남, 제주, 동해안
하령	2005	조중생	강	강	식용	전국
서홍	2006	중생	약	중	식용	전국(제주 제외)
고운	2006	조중생	중	중	칩가공용(두 번 짓기)	전남북, 경남, 충남 서해안
자영	2007	만생	약	중강	식용, 가공용	고랭지
홍영	2007	중생	약	중	식용, 가공용	고랭지
새봉	2010	조생	중	강	칩가공용(두 번 짓기)	제주, 남부 지방
방울	2010	조생	중	중	식용(두 번 짓기)	제주, 남부 지방
홍선	2012	조생	중	중	식용(두 번 짓기)	전남북, 경남, 충남 서해안
진선	2012	조생	중	약	칩가공용(두 번 짓기)	제주, 남부 지방
금선	2014	조중생	중강	중	식용(두 번 짓기)	제주, 남부 지방
다미	2014	조중생	강	강	식용	전국(제주 제외)
남선	2015	조중생	중	중	칩가공용(두 번 짓기)	제주, 남부 지방
대광	2015	중생	강	중	식용	전국(제주 제외)
은선	2015	조중생	중	중	칩가공용(두 번 짓기)	제주, 남부 지방
만강	2016	만생	강	중	식용, 칩가공용	고랭지
강선	2016	중만생	강	약	식용(두 번 짓기)	제주, 남부 지방
수선	2017	조중생	중	중	식용(두 번 짓기)	제주, 남부 지방

품종	꽃색	감자 모양	표피색	육색	눈 깊이	휴면기간(일)
남작	담적자	편원	담황	흰색	깊음	
수미	담적	편원	담황	흰색	얕음	
대지	흰색	편원	담황	담황	중간	
세풍	담홍	장타원	흰색	흰색	얕음	
조풍	담홍	편원	담황	담황	중간	90
남서	흰색	편원	담황	흰색	얕음	
대서	담자홍	원형	담황	흰색	얕음	
가원	흰색	편원	담황	흰색	얕음	
자심	담보라	타원	담자	자주	중간	
추백	담홍	원형	담황	흰색	중간	60
조원	담홍	편원	담황	담황	얕음	
자서	자주	원형	자주	흰색	얕음	
추동	담홍	원형	흰색	흰색	중간	70
신남작	흰색	편원	흰색	흰색	깊음	
가황	담홍	편원	황색	담황	얕음	
추강	흰색	편타원	담황	흰색	중간	60
추영	흰색	편원	담황	담황	중간	60
하령	흰색	원형	황색	황색	얕음	
서홍	담홍	원~단타원	홍색	흰색	얕음	
고운	흰색	편원	담황	흰색	얕음	60~70
자영	농자	타원	농자	농자	얕음	
홍영	자주	원~단타원	홍색	홍색	얕음	
새봉	흰색	원형	원형	담황	얕음	50~60
방울	흰색	원형	원형	황색	얕음	50~60
홍선	담홍색	원형	원형	홍색	얕음	50~60
진선	담홍색	원형	원형	담황	중간	60~70
금선	흰색	조중생	편원형	담황	얕음	60~70
다미	흰색	조중생	원형	황색	얕음	
남선		조중생	편원형	담황	얕음	60~70
대광	흰색	중생	편원형	황색	얕음	
은선	흰색	조중생	편원형	담황	얕음	60~70
만강		만생	편원형	황색	얕음	
강선	담자색	중만생	원형	황색	깊음	70~80
수선	흰색	조중생	원형	황색	얕음	50~60

주요 감자 품종의 특징

가. 수미(秀美)

(1) 육성경위

수미(Superior)는 1961년 미국에서 육성된 품종으로 모본 B96-56에 부본 M59-44를 교배하여 1961년 Ag29라는 계통명으로 실생개체를 선발하여 나온 조숙·내병·다수성 품종으로 품질이 좋아 식용 및 칩가공용으로 재배되었다. 우리나라에는 1975년 도입되어 1978년 장려 품종으로 선발되었다.

(2) 주요 특성

수미는 봄, 여름재배의 대표적인 재배 품종으로 식용 품종 이지만 칩가공용으로도 일부 사용되고 있다. 처음 수미가 육성된 미국에서는 중만생종으로 생육기간이 다소 긴 편 이나 우리나라 환경 조건에서는 90~100일로 익는 시기 (숙기)가 빠른 편이다.

덩이줄기 모양은 편원형이고 덩이줄기 겉색은 담황색이며, 표면에 그물모양의 줄무늬가 있고 눈의 깊이가 얕다. 감자 의 땅속줄기가 비교적 긴 편이고 휴면기간은 80~90일 정 도이다.

과습한 토양에서도 피목 비대가 적다. 모자이크바이러스® 에는 남작보다 강하고 더뎅이병에도 강하지만 감자잎말 림바이러스 및 역병에는 약하다.

🥔 〈표 6-6〉 수미의 고유 특성

숙기	초세	초형	잎크기	꽃색	덩이줄기 모양	표피색	육색	눈 깊이
조생	강	개장	중	담홍	편원	담황	흰색	얕음

(3) 재배상 유의점

수미는 온도가 낮을 때 땅속에서 싹이 튼 후 초기 생육이 늦어지는 경향이 있으므로 생육 초기 온도관리에 주의하여야 한다. 특히 겨울시설재배를 하기 위하여 육아※상에서 싹을 기를 때 온도가 낮으면 감자에서 나온 싹이 2차 휴면에 돌입할 수도 있으므로 온도관리를 철저히 하여야 한다(18~23℃). 또한 감자를 심기 전 씨감자를 자른 면이 충분히 마른 후 심어 씨감자가 썩지 않도록 하여야 한다.

수미는 감자를 캔 후 80~90일 정도가 지나야 휴면이 깨기 때문에 겨울재배용으로 심는 씨감자는 고랭지 여름재배에서 생산된 씨감자를 사용해야 싹이 잘 튼다. 또 감자를 오랫동안 저장하고자 할 때에는 감자를 캔 후 상처가 잘 아물도록 한 후 저장하여야 한다.

수미를 가공원료(감자칩)용으로 재배하고자 싹을 길러 PE 멀칭을 한 밭에서 감자를 기를 때에는 본밭에 심은 지 80~90일 정도가 지난 후 수확하여야 품질이 우수하다. 수미는 전국적으로 재배할 수 있으며 특히 봄 조기·다수확 재배에 알맞은 품종이지만 휴면기간이 길어 가을재배에는 적당하지 않다.

나. 대지(大地)

(1) 육성경위

대지(Dejima)는 1971년 일본의 나가사끼시험장에서 북해31호와 운젠을 교배양친으로 하여 육성된 품종으로 일본에서는 데지마(出島)라고 부른다. 1976년에 도입되어 1978년 장려 품종으로 등록되었다.

(2) 주요 특성

봄과 가을 두 번 짓기 재배를 할 수 있는 대표적인 품종으로 식용 전용이다. 익는 시기(숙기)는 봄에 기를 때에는 중만생(110~120일 정도)이고 가을에는 조중생으로 잘 자라는 편이다. 뿌리가 잘 발달하여 비료를 잘 흡수하며 척박한 땅에서도 잘 자란다. 생육 특성은 일장과 온도에 민감하여 가을재배에서는 덩이줄기가 빨리 달리고 빨리 굵어져 수확량이 많아진다. 땅속줄기 길이가 길고 덩이줄기 수도 많아 수량이 많다.

또한 큰 감자가 많고 평균 덩이줄기 무게가 무거운 편이다.

덩이줄기 모양은 편원형이며, 겉과 속색이 담황색이고 눈 깊이가 얕다. 덩이줄기의 휴면기간은 수확한 후 50~60일로 짧아서 봄에 캔 씨감자를 가을에 심을 수 있다. 우리나라 남부 지역 평야지대 및 해안지대에서 적응성이 높다.

〈표 6-7〉 대지의 고유 특성

숙기	초세	초형	꽃색	덩이줄기 모양	표피색	육색	눈 깊이
중만생	강	직립	흰색	편원	담황	담황	얕음

(3) 재배상 유의점

대지는 중만생종이기 때문에 중북부 지역에서는 봄에 감자를 심으면 모내기 전 수확이 어렵다. 겨울시설재배를 할 경우에는 가을재배산보다는 고랭지 여름재배에서 수확한 씨감자를 사용하는 것이 안전하다. 봄에 감자를 심을 때에는 일찍 심고 질소질 비료를 너무 많이 주지 말아야 한다. 봄재배할 때 초기에 가뭄으로 감자가 늦게 자라면 수확량이 크게 줄어들 수 있으므로 물을 자주 주어야 한다.

가을재배는 생육기간이 짧긴 하지만 적어도 80일 이상은 유지되어야 하므로 첫 서리가 늦은 제주, 전남, 경남 지역이 적당하다. 봄에 생산된 감자를 가을재배용 씨감자로 심으려 한다면 봄재배 시 진딧물 방제를 하고 만약 바이러스에 걸린 식물체가 있다면 보는 즉시 철저히 제거하여야 한다.

Tip
후작물(뒷작물)*
그루갈이를 할 때에 뒤에 재배하는 농작물

가을재배 시에는 10a당 질소 15kg(봄재배 시 10kg)으로 봄재배보다 좀 더 많이 주어 초기 생육을 촉진시켜준다. 가을감자를 캐는 시기는 온도가 낮아 감자가 얼 가능성이 높으므로 주의하여야 한다. 대지는 줄기가 강하고 잎도 두꺼운 편으로 바이러스병에는 비교적 강한 편이나 더뎅이병에 약하기 때문에 토양 pH가 높은 채소 후작물*(뒷작물) 등으로 재배하는 것은 바람직하지 않다.

다. 조풍(早豊)

(1) 육성경위

조풍은 농촌진흥청 고령지시험장에서 육성된 품종으로 1978년 Resy×수미 간의 교배에 의하여 선발된 뒤 1988년 장려 품종으로 등록되었다.

(2) 주요 특성

조풍은 생육기간이 수미보다 다소 빠른 극조생의 식용 품종이다. 지상부의 초세는 개장형으로 수미와 비슷하지만 수미보다 잎이 크고 넓으며 주름이 깊고 광택이 난다. 덩이줄기가 빨리 굵어지며 상품성 있는 감자의 수량이 조기출하에 적합하다. 덩이줄기의 끝눈(정아) 우세성이 높고 줄기 수는 수미보다 약간 적고 상품성 있는 덩이줄기 수가 많은 다수성으로 덩이줄기가 줄기 가까이에 착생되어 수확하기 쉽다. 덩이줄기 형태는 조기재배 시에는 편원형으로 수미와 비슷하나 여름재배 시에는 타원형에 가깝고, 덩이줄기의 표피와 육색은 담황색이다.

품질은 재배 시기에 따라 변화가 있어 여름재배와 같이 덩이줄기가 빨리 굵어지는 재배 시기에 따라 건물함량의 축적이 적으나 봄 조기재배 시에는 수미보다 건물함량이 높고 환원당 함량이 낮은 편이다. 조풍은 감자잎말림바이러스병과 역병에 강하다.

〈표 6-8〉 조풍의 고유 특성

숙기	초세	초형	잎모양	꽃색	덩이줄기 모양	표피색	육색	눈 깊이	덩이줄기 휴면
극조생	중간	개장	타원	담홍	극조생	담황	담황	중	중(90일)

Tip

앞그루(전작)*
같은 경작지에 2종 이상의 작
물을 앞·뒤로 하여 재배할 경
우, 앞에 재배하는 일이나 그
작물

모래참흙**
진흙이 비교적 적게 섞인 보드
라운 흙

(3) 재배상 유의점

조풍은 초기 생육이 왕성하므로 봄 조기재배로 PE필름 멀칭
재배를 할 때에는 싹이 비닐에 닿아 타지 않도록 싹이 나오
자마자 즉시 비닐을 찢어준다. 봄 모내기 전 앞그루(전작)* 재
배 시 물이 잘 빠지게 하여 과습 피해를 방지하여야 한다. 또
조풍은 점질토양보다는 모래참흙**에서 기를 때 덩이줄기 모
양이 예쁘고 수량성이 높은 편이다.

감자를 기를 때 땅속 온도가 너무 높으면 땅속에서 휴면
이 깨어 수확 중 싹이 난 감자가 많이 나와 품질이 떨어질
수 있으므로 주의해야 한다. 고랭지에서 씨감자 생산을
목적으로 재배할 때에는 규격서(50~240g/개) 생산량을
늘리기 위하여 비료를 적게 주고 심는 거리를 좁게 하는
것이 바람직하다.

라. 남서(南瑞)

(1) 육성경위

남서는 78E28-1(Snoeken×수미)을 모본으로 하고 Whe eler를
부본으로 하여 선발된 계통으로 1995년 장려 품종으로
등록되었다.

(2) 주요 특성

남서는 겨울시설재배와 봄 조기재배용 품종으로 익는 시
기(숙기)가 매우 빠른 식용 품종이다. 지상부 초세는 개장
형이고 잎은 갸름하며 반듯하다. 첫 부분의 새로운 잎은
황색을 띠나 꽃이 핀 후에는 녹색으로 바뀌는 것이 특색
이다. 덩이줄기는 조풍과 비슷하게 줄기 근처에 달리며 모
양은 편원형이다.

남서는 덩이줄기가 빨리 달리고 굵어지기 때문에 상품성 있는 큰 감자 수량과 총 수량이 매우 많다. 역병에 대해서는 조풍과 비슷한 정도로 강하지만 바이러스병에는 중간 정도이고 더뎅이병에는 약하다.

〈표 6-9〉 남서의 고유 특성

형태	엽형	신초엽색	화색	모양	육색	눈 깊이
개장형	계란형	황색	흰색	편원	흰색	얕음

(3) 재배상 유의점

남서를 씨감자 생산 목적으로 여름에 고랭지에 심을 때에는 감자를 심은 후 95일 정도에 지상부 고조제(건조제)를 뿌린 후 15일 이내에 수확하여 낮은 온도에서 저온 저장하여야 저장기간 중 싹 발생에 의한 씨감자의 퇴화를 예방할 수 있다.

특히 고조제 처리 후 오랫동안 캐지 않고 흙 속에 방치하면 높아진 땅속 온도의 영향을 받아 싹이 빨리 자라서 영양 손실이 크고 저장력이 크게 떨어지기 때문에 주의하여야 한다. 또 여름철 씨감자 생산재배에서는 큰 감자 생산이 너무 많아 규격서 수량이 줄어들 가능성이 있으므로 되도록 좁게 심고 질소 비료량을 줄여주는 것이 좋다.

남서의 적응 가꿈꼴(작형)로는 봄과 겨울시설재배가 적당하고 여름과 가을재배는 씨감자 생산을 목적으로 하는 것이 좋다. 역병이 발생하기 쉬운 겨울시설재배에서는 병 발생을 예방하기 위한 조치를 충분히 취해야만 안전생산을 도모할 수 있고, 바이러스에는 약한 편이기 때문에 씨감자 생산재배에서는 진딧물 방제를 충분히 하여야 한다.

또 남서는 더뎅이병에 약하므로 채소 뒷그루로 재배하고자 할 때에는 석회 비료를 주어 알카리성이 강해진 토양은 피하는 것이 좋다. 남서를 겨울에 시설재배할 때에는 햇빛이 잘 드는 비닐을 선택하여 사용하고 낮 동안 바람이 잘 통하게 하여 온도를 적절히 유지시켜주어야 한다.

마. 대서(大西, Atlantic)

(1) 육성경위

대서는 1976년 미국에서 칩가공용으로 육성된 품종으로 우리나라에는 1982년 도입되어 부분적으로 칩가공 원료용 품종으로 이용되어 오다가 1995년에 장려 품종으로 선발된 품종이다.

(2) 주요 특성

대서가 자라는 모양은 곧게 서는 직립형으로 수미보다 크며 생육이 왕성하다. 감자가 자라는 동안 온도 변화에 민감하여 고랭지 여름재배는 생육기간이 110일 정도로 중생종에 속하고, 봄재배는 90~100일 정도로 조중생형으로 자란다. 따라서 수량성도 봄재배에서 높은 편이다.

덩이줄기 모양은 약간 긴 원형인 편원형으로 눈의 깊이가 얕고 완숙된 덩이줄기는 표피가 갈색으로 코르크화되며 감자 속색은 흰색이다. 건물함량이 높고 환원당 함량이 낮아 감자칩 가공용으로 매우 좋다. 휴면기간은 수미와 비슷하고 대부분의 병에 대하여 중간 정도의 저항성을 보인다. 다만 모자이크바이러스에 약하므로 씨감자 생산을 목적으로 재배할 때는 진딧물을 철저히 방제하여야 한다.

〈표 6-10〉 대서의 고유 특성

생육형	잎모양	꽃색	덩이줄기			
			모양	표피색	육색	눈 깊이
직립	넓은 계란형	담자홍	편원	담황	흰색	얕음

(3) 재배상 유의점

대서를 고랭지에서 여름재배할 때에는 질소질 비료를 너무 많이 주거나 비옥도가 높은 토양에서 재배하면 큰 감자가 많이 생산되고, 큰 감자에서는 중심공동이 많이 발생할 우려가 있으므로 주의하여야 한다.

또 덩이줄기가 굵어지는 시기에 온도가 높아지면 덩이줄기 내부가 일부 갈색으로 변하는 내부 갈색반점이 나타나 품질이 크게 떨어질 수 있다. 내부 갈색반점은 특히 모래흙에서 재배할 때 많이 나타나며, 봄재배나 여름재배 시 투명PE필름으로 멀칭하였을 때 문제가 발생할 우려가 있으므로, 수확기 온도가 높아지면 멀칭필름을 벗겨주고 깊게 북을 주는 것이 좋다. 또한 모자이크바이러스에 약하기 때문에 진딧물을 막기 위하여 정기적으로 살충제를 살포하여야 품질 좋은 원료감자를 생산할 수 있다.

바. 추백(秋白)

(1) 육성경위

단휴면 계통인 H83011-3을 모본으로 하고, 수미를 부본으로 하여 1989년 원예시험장에서 교배하여 육성하였으며 1999년 새로운 2기작 품종으로 선정되었다.

(2) 주요 특성

추백은 2기작용으로 익는 시기(숙기)는 극조생종이고, 초형은 개장형이며 잎이 연하고 큰 편이다. 덩이줄기의 모양은 둥근 편으로 표피색은 담황색이나 속색은 흰색이다. 추백은 봄재배 후 가을재배 시 휴면이 거의 비슷하게 깨고 뿌리가 잘 나기 때문에 싹 틔운 후 본밭에 옮겨 심었을 때 고르게 자란다.
덩이줄기의 휴면기간은 대지보다 약 5~10일 정도 짧아 중남부 지방의 두 번 짓기(2기작) 재배에 적합하다. 감자를 심고 80~85일 정도면 수확할 수 있는 극조생종으로 일찍 수확해도 껍질 벗겨짐이 적어 외관 품질이 우수하며, 비중을 비롯한 품질과 맛은 대지와 비슷하다.

〈그림 6-2〉 시설재배에서 키운 추백

품종명	지상부				지하부			
	초형	엽형	줄기색	꽃색	모양	표피색	육색	눈 깊이
추백	개장	넓은 계란형	연녹색	담자	편원	담황	흰색	보통

추백은 감자에 혹이 나거나 쪼개지는 등 덩이줄기의 생
리장해 발생이 대지에 비하여 매우 적다. 또 대지를 봄에
재배할 때 덩이줄기가 굵어져 온도가 높으면 땅속줄기가
길어지거나, 작은 덩이줄기가 땅속줄기에 이어달리는 증
상(Chain Tuber)이 많고 지상부가 너무 많이 자라는 데
비하여 추백에서는 이러한 증상이 적은 것이 장점이다.

(3) 재배상 유의점

추백은 숙기가 매우 빠른 극조생종이므로 감자를 심을
때 밑거름을 충분히 주어야 한다. 또한 덩이줄기가 무른
편이기 때문에 물 빠짐이 나쁜 질흙에서는 덩이줄기가 썩
기 쉬우므로 주의하여야 한다. 추백은 식물체가 연약하
기 때문에 검은무늬썩음병이나 바람 피해 등으로 인하
여 줄기가 다치기 쉽다. 또 가을재배 시 얼거나 서리 피해
를 받기 쉬우므로 수확 시기를 늦추면 안되며, 제주도에
서의 월동재배에도 적합하지 않다. 온도가 낮고 흙 속 물
기가 많을 때에는 땅속줄기와 덩이줄기가 닿는 부분이 움
푹 들어가면서 썩는 경우가 있으므로 물 빠짐이 잘 되도
록 재배한다.

추백을 가을에 재배할 때에는 씨감자 절단 후 절단면의 상
처를 충분히 아물게 하여 심고, 특히 살균제를 표면에 묻혀
심는 것이 심은 후 덩이줄기가 썩는 것을 줄일 수 있다.

사. 조원(早圓)

(1) 육성경위

조원은 인제에서 수집한 인제미상과 도입 품종 카타딘(Katahdin)을 1991년 교배하여 2000년 신품종으로 선정하였다.

(2) 주요 특성

조원은 키가 작은 개장형으로 조생종이다. 식물체의 크기가 작지만 강건하고 생육이 왕성하다. 덩이줄기 모양은 편원형으로 눈이 얕고 표피가 매끄러우며 속색은 담황색이다. 한편 조원은 감자잎말림바이러스(PLRV)와 역병에 매우 강하다.

〈표 6-12〉 조원의 고유 특성

품종명	지상부				지하부			
	형태	엽형	줄기색	꽃색	모양	표피색	육색	눈 깊이
조원	개장	계란형	녹색	담홍	편원	흰색	담황	얕음

(3) 재배상 유의점

조원은 모래참흙과 물 빠짐이 좋은 토양 조건에서 덩이줄기 모양이 우수하고 수확량이 많이 늘어날 수 있다. 다만 감자 크기가 큰 편이라 고랭지 여름재배 시 비료를 많이 주면 중심공동이 나타날 우려가 있으므로 화학 비료량을 적절히 조절하여야 한다. 조원은 감자잎말림바이러스와 역병에 대해 재배지 저항성이 있어 저농약재배로 친환경 감자 생산이 가능하지만 최근 많이 발생하는 모자이크바이러스에는 약하므로 씨감자를 생산하기 위해 재배할 때는 진딧물을 철저히 방제하여야 한다.

아. 추동(秋冬)

(1) 육성경위

추동은 단휴면계통인 H83520-3과 더뎅이병에 대하여 저항성이면서도 감자 품질이 우수한 수미를 1989년 원예시험장에서 육성하였으며 2001년 신품종으로 선정되었다.

(2) 주요 특성

지상부 조세는 반개장형이면서 잎이 넓은 계란형이며 꽃색은 담홍색이다. 꽃은 추백과 마찬가지로 많이 피지 않는 편이다. 잎줄기는 비교적 잘 자라는 편이며, 익는 시기(숙기)는 조중생으로 추백에 비하여 다소 늦고 수미와는 비슷하다.

〈표 6-13〉 추동의 고유 특성

품종명	지상부				지하부			
	형태	엽형	줄기색	꽃색	모양	표피색	육색	휴면기간
추동	반개장	넓은 계란형	녹색	담홍	원형	흰색	흰색	60~70일

추동의 덩이줄기 모양은 둥근 원형으로 우수한 외관을 가지고 있으며, 표피색과 육색이 모두 흰색이다. 수확량은 대지에 비하여 다소 적지만 중간크기 감자의 비율이 높고, 생리장해 발생이 적기 때문에 상품성 있는 감자 수량은 많다. 추동은 모자이크바이러스에 대해서는 약하지만 감자잎말림바이러스에 대해서는 저항성이며, 역병에 대해서도 중간 정도의 저항성을 보인다. 더뎅이병 저항성은 봄재배와 가을재배 모두에서 대지나 추백에 비하여 강한 편이다.

(3) 재배상 유의점

추동의 휴면기간은 추백에 비하여 약 10일, 대지에 비하여 5일가량 길기 때문에 봄재배 후 가을재배 시에는 휴면타파에 유의하여야 한다. 모래참흙과 물 빠짐이 좋은 밭에서 덩이줄기 모양이 우수하며 수량성이 높다.

감자 모자이크바이러스에 약한 편이므로 씨감자 생산 시

진딧물을 철저히 방제해야 한다. 더뎅이병에 대해서는 강한 편이지만 병원균 밀도가 높은 곳에서는 재배하지 않는 것이 안전하다. 역병이나 과습 피해에 대해서는 약하므로 물 빠짐이 잘되는 밭에서 재배하여야 한다.

자. 하령(夏嶺)

(1) 육성경위

하령은 1997년 대서와 수미를 교배하여 육성하였으며, 2005년 하령으로 명명되었다.

(2) 주요 특성

하령은 수미품종에 비하여 생육기간이 긴 품종이다. 역병에 강하고 줄기가 건강하기 때문에 오랫동안 자라며, 이에 따라 감자 덩이줄기도 환경 조건만 좋으면 오랫동안 충실하게 자랄 수 있다. 그러나 우리나라 봄재배나 고랭지 여름재배에서 재배 기간이 길어지면 감자가 너무 굵어지고 큰 감자에서는 중심공동이 발생할 우려가 있으므로 적절한 시기에 수확할 필요가 있다.

〈표 6-14〉 하령의 고유 특성

품종명	지상부				지하부			
	형태	엽형	줄기색	꽃색	모양	표피색	육색	휴면기간
하령	직립	넓은 계란형	녹색	흰색	편원	황색	담황	80~90일

감자 모양은 둥글며 껍질은 황색이고 육색은 담황색이다. 덩이줄기의 건물함량이 높고 분질로 쪘을 때 분이 많이 나면서 맛이 좋다. 감자역병과 감자잎말림바이러스에는 매우 강하지만 모자이크바이러스와 더뎅이병에는 다소 약한 편이다.

(3) 재배상 유의점

하령은 덩이줄기가 빨리 달리고 굵어지는 속도가 빠르기 때문에 너무 큰 덩이줄기에서 중심공동이 발생할 우려가 있다. 그러므로 이랑 사이를 넓히고 이랑 내 포기 사이를 좁게 심는 한편, 질소질 비료의 시비량을 줄여주어야 한다. 또한 감자 덩이줄기가 굵어지는 시기에 수분 공급을 일정한 간격으로 하여 감자에 혹이 달리거나 쪼개지

는 일이 없도록 하여
야 한다.
봄재배 시 수확이 7월
상순 이후로 늦어지
면 온도가 높고 장마
로 인해 토양 수분
의 변화가 커서 땅속
감자에서 싹이 나는

〈그림 6-3〉 수미(왼쪽)과 비교한
하령(오른쪽)의 역병저항성

2차 생장이 많이 발생할 수 있으므로 빨리 수확하는 것이
좋다. 하령의 2차 생장 발생을 줄이기 위해서는 논재배와 비
닐피복재배가 유리하며 씨감자를 관행보다 깊게 10~15cm
정도로 파종한다. 또한 얕게 묻힌 감자에서는 아린 맛이
나기 쉬우므로 적정한 깊이로 북을 주는 것도 좋다. 겨울
(12월)에 비닐하우스에 심어 봄에 수확하면 감자에 깊게
골이 파이거나(열개, growth crack), 수확 직후 껍질과
육질부의 일부가 좁고 얕게 터지는(괴경 터짐, surface
crack) 증상이 종종 발생하기도 한다.

재배 중 역병 이외의 겹둥근무늬병(하역병), 탄저병 등
병해 발생에 주의하고 병에 걸린 감자는 저장하지 말아야
한다. 특히 고랭지에서 수확한 씨감자는 3~6주 정도 상
처 치유(큐어링)를 하고 저온 저장을 하면 탄저병 발생을
경감시킬 수 있다.

차. 고운(高暉)

(1) 육성경위

1998년 미국에서 많이 재배되는 가공용 품종인 Lemhi
Russet를 휴면기간이 짧고 조숙성이면서 더뎅이병에 강
한 추백과 교배하여 육성하였고 2006년 신품종으로 선
정되어 고운(庫暉, Goun)으로 명명되었다.

(2) 주요 특성

고운은 휴면기간이 60~70일 정도로 대지나 추백에 비해서는 길지만 가공용 품종인 대서에 비해서는 짧다. 남부 지방에서 봄에서 가을까지 연중 두 번 재배할 수 있어 씨감자 생산 및 공급이 다른 품종에 비하여 농가에 빨리 보급할 수 있다.

또한 건물률이 21% 정도로 높고 칩색이 밝아서 감자칩 가공용으로도 적당하다. 병해충 발생에 대한 저항성 면에서 고운은 더뎅이병에 강한 편이다. 다만 모자이크바이러스와 역병에 대해서는 중간 정도의 저항성을 보인다.

〈표 6-15〉 고운의 고유 특성

품종명	지상부				지하부			
	형태	엽형	줄기색	꽃색	모양	표피색	육색	휴면기간
고운	반개장	좁은 계란형	녹색	흰색	편원	담황	흰색	60~70일

(3) 재배상 유의점

가을에 감자를 심는 시기는 매우 덥고 습도가 높아 씨감자가 썩을 우려가 있으므로 씨감자로 사용할 감자는 봄감자 채종 시 빨리 캐어 서늘한 곳에 두면서 충분히 휴면을 타파시키고, 씨감자를 자를 때 칼 소독을 잘하도록 한다. 휴면기간이 대지나 추백에 비하여 긴 편이기 때문에 가을재배용으로 쓰기 위한 씨감자의 관리를 철저히 하여야 한다.

가공용 감자는 수확할 때 온도가 낮으면 칩의 색이 검게 나타나므로, 가을철 가공용으로 쓰기 위하여 고운을 재배할 때에는 되도록 날씨가 추워지기 전에 수확하도록

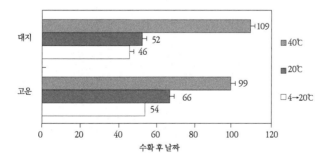

〈그림 6-4〉 대지(위)와 비교한 고운(아래)의 휴면 타파기간 20℃ 저장보다는 4℃에서 저장하였다가 20℃로 옮기는 것이 휴면을 빨리 깨는 데 유리함

하고, 수확하는 날도 맑고 따뜻한 날을 골라야 한다. 특히 서리를 맞거나 동해를 입게 되면 감자칩 품질이 크게 저하되므로 이러한 피해를 입지 않도록 주의하고, 저온피해를 당하였을 경우에는 가온 조정(Reconditioning)을 거친 후 가공하는 것이 안전하다.

봄재배 시 장마 시기에 수확하면 감자칩을 가공할 때 수분장해를 입을 수 있으므로 되도록 장마가 오기 전에 수확하는 것이 좋고, 비를 맞은 후에는 충분히 말려서 수확하거나 수확 후 그늘에서 잘 말려 가공하여야 한다. 준고랭지 및 고랭지에서 재배할 때에는 봄재배보다 생육기간이 연장되므로 수확 시기를 늦추어 110일 정도에 수확하면 수량 증대에 유리할 것으로 생각된다.

Tip

감자바이러스Y(PVY)[●]
폭 12~13nm, 길이 730nm 크기의 끈모양 식물바이러스로 가지과 식물을 숙주로 하며, 진딧물이 전파하는 감자의 주요 병해의 원인이 된다.

카. 서홍(薯紅)

(1) 육성경위

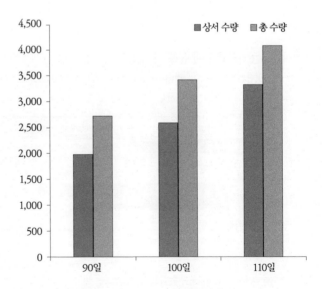

〈그림 6-5〉 고운 감자의 파종 후 수확 시기별 수량성(준고랭지)

1997년 속이 자주색인 자심과 93K61-5를 교배하여 육성하였으며 2006년 신품종으로 선정되었으며, 감자 겉색을 따서 서홍으로 명명되었다.

(2) 주요 특성

지상부 식물체는 반개장형으로 수광태세가 양호하며 익는 시기(숙기)는 수미보다 약간 늦은 조중생종이다. 감자는 원형에서 짧은 타원형이고 껍질은 붉은색이며 속색은 흰색이다.

〈표 6-16〉 서홍의 고유 특성

품종명	지상부				지하부			
	형태	엽형	줄기색	꽃색	모양	표피색	육색	휴면기간
서홍	직립	계란형	녹색	담홍	원형	붉은색	흰색	80~90일

감자 더뎅이병에 매우 강하지만, 모자이크바이러스(PVY)와 감자역병에는 중간 정도의 저항성을 보인다. 건물함량은 수미에 비해 약 1% 정도 낮다. 기형서 발생이 적고 더뎅이병에 매우 강하고 껍질이 붉은색이어서 외관이 매우 수려하다.

(3) 재배상 유의점

역병 및 감자바이러스Y(PVY)에 중도 저항성이므로 역병 예방과 방제를 철저히 하고 재배 중 진딧물이 발생하면 살충제를 살포하여 바이러스 예방에 힘써야 한다. 수확 시 덜 여문 감자는 껍질이 벗겨져서 외관상 품질을 떨어뜨릴 수 있으므로 충분히 경화시켜 수확하여야 한다.

타. 자영

(1) 육성경위

자영은 감자 속색이 자주색이지만 환경 조건에 따라 변화가 심하고 덩이줄기 모양이 불규칙한 자심을 대체하기 위해 육성되었다. 2003년 칩가공용으로 우수한 대서와 외국 도입계통인 AG34314를 교배하여 육성하였으며 2007년 신품종으로 선정되어 자영으로 명명되었다.

(2) 주요 특성

덩이줄기 모양은 짧은 타원형으로 겉과 속이 모두 짙은 자주색이다. 전립선암이나 통풍을 억제하고 노화를 방지하는 생리활성 기능과 기호성이 높은 품종으로, 칩가공 시 색이 밝은 편이기 때문에 칩가공도 가능한 식가공 겸용 품종이다.

숙기는 만생으로 초형이 반개장형이다. 한편 자심보다 건물률이 높고 기형 발생이 적으며 더뎅이병과 감자잎말림바이러스에도 강한 편이다. 봄 조기재배나 가을재배 등 덩이줄기 비대기에 온도가 낮은 가꿈꼴(작형)에서 안토시아닌함량이 높다. 따라서 감자의 색소함량을 높이기 위해서는 가을이나 겨울시설재배로 심는 것이 좋은 성과를 얻을 수 있다.

〈표 6-17〉 자영의 고유 특성

품종명	지상부				지하부			
	형태	엽형	줄기색	꽃색	모양	표피색	육색	휴면기간
자영	반개장	계란형	부분 자주색	짙은 자주색	타원	농자	농자	80~90일

(3) 재배상 유의점

지상부 생육이 왕성하고 만생종이기 때문에 질소 비료를 줄여주어 생육을 늦출 필요가 있다. 봄재배 시 수확기 온도가 높아지면 혹이 달리는 기형감자 발생이 많고 속색이 옅어질 가능성이 있으므로, 수확기가 되면 멀칭PE필름을 벗겨주는 것이 좋고 일찍 수확하여야 한다.

또한 온도가 높아지면 땅속감자에서 싹이 날 가능성이 높으므로 감자재배 초기에 북을 충분히 주는 것이 좋다. 또한 감자를 기르는 재배 시기에 따라 감자 모양이나 색소함량의 변화가 크므로 지역별로 가장 좋은 재배 시기를 시험해본 후 재배하는 것이 바람직하다.

파. 홍영

(1) 육성경위

2003년 칩가공용으로 우수한 대서와 외국 도입계통인 AG34314를 교배하여 육성하였다. 시험 결과 익는 시기(숙기)는 다소 늦지만 감자 모양이 둥글고 육색이 붉은색을 나타내서 2007년 신품종으로 선정되어 홍영으로 명명되었다.

(2) 주요 특성

덩이줄기 모양은 둥글거나 짧은 타원형이고 덩이줄기의 겉과 속색이 모두 붉은색으로 기호성과 생리활성 기능이 높은 기능성 품종이다. 지상부 식물체의 형태는 반개장형이며 숙기는 중생종으로 고랭지 여름재배에 적합하다. 홍영은 봄 조기재배나 가을재배 등 덩이줄기 비대기에 온도가 낮은 시기에 재배하였을 때 안토시아닌함량이 높다. 덩이줄기의 건물률은 자심에 비해 조금 낮으나, 내부 생리장해 및 기형서 발생률이 낮고 더뎅이병에 강하다.

〈표 6-18〉 홍영의 고유 특성

품종명	지상부				지하부			
	형태	엽형	줄기색	꽃색	모양	표피색	육색	휴면기간
홍영	반개장	계란형	부분 자주색	자주색	원형~ 단타원형	붉은색	붉은색	80~90일

(3) 재배상 유의점

지상부 생육이 왕성하고 중만생종이기 때문에 질소 비료를 줄여주어 생육을 늦출 필요가 있다. 땅속줄기가 많이 나오고 덩이줄기 개수가 많아 상품성 있는 감자 수량이 줄어들 수 있으므로, 씨감자를 생리적으로 너무 노화시키지 않도록 하며, 씨감자 한 조각당 눈의 수도 1~2개 정도로 조절할 필요가 있다. 봄재배 시 수확기 온도가 높으면 땅속감자에서 싹이 날 가능성이 높으므로 감자재배 초기에 북을 충분히 주는 것이 좋다. 또한 감자를 기르는 시기에 따라 감자 모양이나 색소함량 변화가 크므로 지역별로 가장 좋은 시기를 골라야 한다.

하. 새봉

(1) 육성경위

새봉은 2002년 대관2-8호와 반수체계통 유래 DH09-231을 교배하여 육성하였으며, 2010년 신품종으로 선정되어 새봉으로 명명되었다.

(2) 주요 특성

덩이줄기 모양이 둥글고 익는 시기(숙기)가 빠르기 때문에 조기재배에 적합하다. 감자 덩이줄기의 겉은 담황색이지만 속은 흰색이다. 잎이 작고 좁으며 꽃은 흰색으로 피고 열매가 많이 달리는 편이다. 건물함량이 높고 환원당 함량이 낮아 칩가공 수율이 높으며, 바이러스에 매우 강하기 때문에 씨감자 생산이 비교적 수월하다. 더욱이 휴면기간이 50~60일 정도로 고운에 비하여 짧고 대지나 추백과 비슷하여 동해안이나 서해안에서도 봄재배에서 생산된 씨감자를 가을재배할 수 있다.

〈표 6-19〉 새봉의 고유 특성

품종명	지상부				지하부			
	형태	엽형	줄기색	꽃색	모양	표피색	육색	휴면기간
새봉	반개장	좁은 계란형	녹색	흰색	원형	담황	흰색	50~60일

(3) 재배상 유의점

수확 시기가 늦어지면 기형감자가 발생할 가능성이 높으므로 다른 감자보다 빨리 캐는 것이 좋으며, 더뎅이병에 다소 약하기 때문에 더뎅이병 병원균 밀도가 높거나 발생이 많은 지역에서는 재배하지 않아야 한다. 토양 조건에 따라 감자가 쪼개지는 열개서 발생이 늘어날 수 있으므로 물 빠짐이 좋지 않거나 자갈이 많이 섞인 밭에서는 재배하지 않는 것이 좋다. 또 식물체가 연하여 서리, 냉해 등에 약하므로 가을재배 시 서리가 빨리 오는 지역에서는 재배하지 말고, 북을 충분히 주어 땅속 감자가 피해를 받지 않도록 하여야 한다.

갸. 방울

(1) 육성경위

방울은 2001년 휴면기간이 짧은 대지와 더뎅이병에 강한 조숙성 수미를 교배하여 육성하였다. 더뎅이병 저항성이 대지보다 강하고, 작은 감자가 많이 달리는 특성에 착안하여 고속도로 휴게소용 알감자 튀김, 노란색 감자칩에 사용된다. 가공성, 조숙성 등의 측면에서 우량한 것으로 판단되어 2010년 신품종으로 선정되었다.

(2) 주요 특성

방울은 2010년 말 새로 육성된 일반 식용 두 번 짓기(2기작) 감자 품종이다. 덩이줄기 모양은 둥글고 익는 시기(숙기)가 바르기 때문에 조기재배에 적합하다. 건물함량이 높고 큰 감자보다는 작은 감자가 많이 달리는 편이기 때문에 휴게소에 판매하는 알감자 튀김용으로 적합하다. 감자 덩이줄기의 겉과 속이 황색이다.

휴면기간이 50~60일 정도로 짧기 때문에 중부해안 지방에서도 봄에 생산된 씨감자를 가을에 파종할 수 있다. 조생종으로 재배 기간이 길어지면 기형감자가 발생할 가능성이 높으므로 다른 감자보다 빨리 캐는 것이 좋다. 특히 봄재배에서 생산된 작은 덩이줄기들을 가을재배에 통감자로 심었을 때 수량이 많고 덩이줄기 특성이 우수하다.

〈표 6-20〉 방울의 고유 특성

품종명	지상부				지하부			
	형태	엽형	줄기색	꽃색	모양	표피색	육색	휴면기간
방울	반개장	좁은 계란형	녹색	흰색	원형	황색	황색	50~60일

(3) 재배상 유의점

방울은 더뎅이병에 중간 정도의 저항성을 보이므로 더뎅이병 밀도가 높은 밭에서는 재배하지 말아야 한다. 별다른 생리장해 발생은 없으나 식물체가 일찍 노화되는 조생종이기 때문에 비료량을 다소 늘려주는 것이 수확량을 늘리는 데 유리하다. 가을재배 시 생육기간이 길어지면 큰 감자가 발생할 수 있으므로 알감자 튀김용으로 재배할 때에는 깊게 심고, 줄기 수를 많이 확보하는 것이 유리하다.

냐. 홍선

(1) 육성경위

홍선은 2006년 미국에서 도입한 겉이 붉고 속은 흰색인 Dakota rose와 우리나라에서 육성한 휴면기간이 짧고 겉이 황색이고 속이 흰색인 H02005-6을 인공교배하여 육성하였다. 수량성이 높고 괴경 모양이 우수하며 비타민 C 함량이 다소 높다는 장점이 있다. 또한 가공후에도 파괴되는 비율이 적어 남부 지방 2기작 재배용 붉은색 감자 신품종으로 선정되었다.

(2) 주요 특성

홍선은 괴경 모양이 둥글고 표피색은 홍색이다. 육색은 흰색이며 비타민 C 함량이 높고 찌거나 삶는 등 가공 후에도 비타민 C 파괴가 적지만 식미는 다소 떨어지는 편이다. 지상부 줄기는 반개장형으로 자라며 익는 시기(숙기)가 빠른 편이다. 또한 휴면기간이 수확후 50~60일 정도로 짧기 때문에 중남부 지방에서 봄-가을 2기작 재배용으로 적합하다. 더뎅이병, 바이러스 등에도 중 이상의 저항성을 보이기 때문에 재배하기도 쉽다.

품종명	지상부				지하부			
	형태	엽형	줄기색	꽃색	모양	표피색	육색	휴면기간
홍선	반개장	계란형	녹색	담홍색	원형	홍색	흰색	50~60일

(3) 재배상 유의점

홍선은 조생종으로 역병에 약하기 때문에 발생 가능성이 있을 때에는 조기 방제를 철저히 하여야 한다. 가을재배시 수확이 늦어지면 중심공동이 발생할 수 있으므로 질소질 비료의 시비량을 줄이고 재식거리를 좁혀 큰 감자의 발생을 줄이는 것이 좋다.

다. 진선

(1) 육성경위

진선은 2005년 휴면기간이 길지만 감자품질이 우수한 대관1-87호와 휴면기간이 짧고 칩 품질이 우수한 대관2-19호를 교배하여 육성하였다. 가을재배 시 수량은 다소 적으나 건물함량이 높고 감자칩 품질이 우수하여 2012년 농촌진흥청 신품종선정위원회에서 칩가공용 2기작감자 품종으로 선정되었다

(2) 주요 특성

진선은 반개장형으로 자라며, 꽃은 담홍색으로 피고 잎은 계란형이다. 감자 모양은 원형으로 눈이 다소 깊은 편이다. 건물함량이 높고 환원당 함량이 낮아 감자칩 가공용으로 적합하다. 감자 표피는 담황색이며 속은 흰색이다. 역병에 대해서는 다소 약한 편이고, 모자이크바이러스에 대하여도 저항성이 약하다. 더뎅이병에 대해서는 대지보다 강하지만 중간 정도의 저항성을 보인다. 휴면기간이 수확 후 60~70일 정도로 대지나 추백에 비하여 긴 편이기 때문에 남부 지방 가을재배 시에는 휴면타파에 유의하여야 한다.

품종명	지상부				지하부			
	형태	엽형	줄기색	꽃색	모양	표피색	육색	휴면기간
진선	반개장	계란형	녹색	담홍색	원형	담황색	흰색	60~70일

(3) 재배상 유의점

진선은 조중생종으로 역병, 바이러스에 약하기 때문에 씨 감자 채종재배 시 진딧물 방제를 철저히 하고, 역병 발생 가능성이 높을 때에는 조기 방제를 철저히 하여야 한다. 더뎅이병에 대해서도 중도 저항성이지만 안전한 가공원료감자 생산을 위해서는 병원균 밀도가 높은 곳에서 재배하지 않는 것이 좋다. 가공용은 건물함량이 높아 일찍 감자가 굵어지는 시기에는 큰 감자에서 중심공동이 발생할 가능성이 높으므로 질소질 비료를 줄여주고 심는 거리를 좁게 심어야 한다.

랴. 금선

(1) 육성경위

금선은 2005년 근연야생종 유래 2기작감자 품종인 추영과 휴면기간이 길지만 감자품질이 우수한 대관1-87호를 교배하여 육성하였다. 건물함량이 높을 뿐만 아니라 2기작감자용으로 감자 덩이줄기를 삶았을 때 분질로 맛이 좋아 2014년 농촌진흥청 신품종 선정위원회에서 2기작감자 식용 품종으로 선정되었다.

(2) 주요 특성

금선은 반직립형으로 자라며 꽃은 흰색이다. 감자 덩이줄기는 편원형이고, 표피는 담황색이며 육색은 옅은 담황색을 띤다. 키는 중간 정도이지만 포기당 줄기 수가 많은 편이다. 내부 생리장해 발생은 적지만 환경 조건에 따라서 외부 괴경 모양이 방추형처럼 길어지는 경우가 종종 있다. 역병, 바이러스와 더뎅이병에 대해서 전반적으로 중정도 이하의 저항성을 보인다. 건물함량은 대서, 고운 등과 비슷한 수준으로 높지만 칩용으로 사용하기에는 환원당 함량이 높은 편이다. 찌거나 삶았을 때 분질로 맛이 좋다.

〈표 6-23〉 금선의 고유 특성

품종명	지상부				지하부			
	형태	엽형	줄기색	꽃색	모양	표피색	육색	휴면기간
금선	반개장	계란형	녹색	흰색	편원형	담황색	담황색	60~70일

(3) 재배상 유의점

금선은 휴면기간이 대지에 비하여 다소 길어 봄재배산을 이용하여 가을에 재배하는 경우 휴면타파에 유의하여야 한다. 바이러스병에 약하기 때문에 씨감자를 채종할 때에는 진딧물 방제를 철저히 하여야 한다. 또 더뎅이병에도 약한 편이므로 병원균 밀도가 높은 곳에서는 재배하지 않는 것이 좋다. 토양 조건이 불량한 곳에서는 덩이줄기 모양이 방추형으로 될 수 있으므로 물 빠짐이 좋은 모래참흙이나 참흙에서 재배하는 것이 좋다.

먀. 다미

(1) 육성경위

다미는 2005년 우리나라에서 육성된 품질이 우수한 대관1-97호와 품질과 괴경 모양이 우수하고 병에 강하지만 글리코알칼로이드함량이 다소 높은 대관1-98호를 교배하여 육성하였다.

(2) 주요 특성

다미는 중생종으로 반개장형으로 자라며, 키는 수미에 비하여 다소 크지만 포기당 줄기 수는 다소 적다. 덩이줄기 모양은 원형이며 표피색은 황색이지만 완전히 성숙하면 약하게 러셋 형태를 보인다. 감자 속은 흰색이며 건물률이 높고 맛이 좋다. 역병과 바이러스에 강하기 때문에 친환경재배가 가능하다.

〈표 6-24〉 다미의 고유 특성

품종명	지상부				지하부			
	형태	엽형	줄기색	꽃색	모양	표피색	육색	휴면기간
다미	반개장	계란형	녹색	흰색	원형	황색(Russet)	흰색	90~100일

(3) 재배상 유의점

다미는 더뎅이병에 중도 저항성으로 수미에 비해서는 저항성이 다소 약하다. 따라서 병원균 밀도가 높은 곳에서는 재배하지 않는 것이 좋다. 또 다미는 생육기간이 다소 긴 편이기 때문에 봄에 감자를 심을 때에는 출현을 안정적으로 앞당기기 위하여 산광싹틔우기를 철저히 하여 심는 것이 좋다.

뱌. 남선

(1) 육성경위

남선은 2006년 줄기가 강건하고 다수성인 단휴면 2기작 감자 품종으로 우리나라에서 육성된 추강과 미국에서 도입된 가공용 품종인 Dakota pearl을 교배하여 육성하였다. 덩이줄기 모양이 매끄럽고 우수하며, 속이 흰색이다. 2기작용으로 칩가공성도 갖춘 계통으로 선발되었다.

(2) 주요 특성

남선은 조중생종으로 수미에 비하여 자라는 기간이 다소 긴 편이다. 꽃은 거의 피지 않으며 피더라도 일찍 지는 편이다. 반개장형으로 자라며 광합성을 위한 수광태세가 양호하다. 덩이줄기 모양은 편원형이지만 대지에 비하여 다소 짧은 편이며 겉은 담황색이고 속은 흰색이다. 눈 깊이는 얕지만 가을재배 시 온도가 낮으면 다소 깊은 경우도 있다. 줄기의 키는 대지보다 짧고 포기당 줄기 수도 적은 편이다. 감자역병, 겹둥근무늬병, 더뎅이병과 바이러스에 중도 저항성이다. 온도가 낮을 때 수확하면 칩색이 어둡지만 가온 조정을 통하여 개선할 수 있는 여지가 있다. 생리장해는 대지에 비하여 많지 않으나 온도, 토양 수분 등에 따라 감자가 쪼개지는 열개서 발생이 많을 수 있다.

〈표 6-25〉 남선의 고유 특성

품종명	지상부				지하부			
	형태	엽형	줄기색	꽃색	모양	표피색	육색	휴면기간
남선	반개장	계란형	녹색	–	편원형	담황색	흰색	60~70일

(3) 재배상 유의점

남선은 대지나 추백에 비하여 휴면기간이 10일 정도 긴 편이기 때문에 봄재배산을 이용하여 가을에 재배할 때에는 휴면타파에 유의하여야 한다. 더뎅이병에 대하여 중도 저항성이지만 안전 다수확을 위해서는 가지과 작물의 이어짓기를 피하고 병 발생이 많은 지역에서는 재배하지 않도록 한다. 토양 수분이나 온도가 불규칙한 경우에는 감자가 쪼개지는 열개서 발생이 많을 수 있으므로 유기물함량이 높은 모래참흙이나 참흙에서 재배하고, 재배중 북을 깊게 주는 것이 좋다.

샤. 대광

(1) 육성경위

대광은 2007년 역병 저항성 육성 품종인 하령과 P03404를 인공교배하여 육성하였다. 역병과 가뭄에 매우 강하고 괴경 특성이 우수한 것으로 나타나 2015년 농촌진흥청 식량작물신품종선정위원회(전작 분야)에서 신품종으로 선정되었다.

(2) 주요 특성

대광은 중생종으로 줄기는 직립성으로 강건하고 곧게 자
란다. 꽃은 흰색으로 많이 피지 않으며, 잎의 모양은 하
령과 비슷하고 잎맥이 깊은 편이다. 덩이줄기는 편타원
형으로 표피는 황색이며 속은 흰색이다. 가뭄에 매우 강
하며, 감자역병에 대하여 재배지 저항성 및 진정 저항성
을 보인다. 겹둥근무늬병에 대해서도 저항성이다. 다만
더뎅이병과 바이러스에는 다소 약한 편이다. 덩이줄기의
건물률은 수미에 비해서도 다소 낮은 편이며, 생리장해
발생은 쪼개지는 증상이 다소 있다. 숙기가 다소 늦지만
봄 일반재배에도 적응성이 높고 고랭지 여름재배에도 적
합하다.

〈표 6-26〉 대광의 고유 특성

품종명	지상부				지하부			
	형태	엽형	줄기색	꽃색	모양	표피색	육색	휴면기간
대광	직립	넓은 계란형	녹색	흰색	편원형	황색	흰색	90~100일

(3) 재배상 유의점

대광은 가뭄에 강한 품종이지만, 감자가 자라는 동안 물
을 공급해주면 수량을 크게 높일 수 있다. 바이러스에 다
소 약하기 때문에 씨감자 채종을 위하여 재배를 할 때에
는 진딧물 방제를 철저히 하여야 한다. 또 더뎅이병에 약
하기 때문에 병원균 밀도가 높은 밭에서는 재배하지 말
고, 가짓과 작물 간 이어짓기를 피하여야 한다.

야. 은선

(1) 육성경위

은선은 남선과 함께 2006년 추강과 Dakota pearl을 인공교배하여 육성하였다. 2016년 12월 칩가공성이 우수한 2기작감자 우량계통으로 선발되었다.

(2) 주요 특성

은선은 조중생종으로 수미보다는 다소 자람 속도가 늦지만 대지나 대서보다는 빠르다. 줄기는 반직립성으로 자라며, 키는 비슷하지만 세력은 다소 약한 편이다. 잎은 녹색이며 제2측소엽은 좁은 편이지만 대지보다는 넓고 잎맥은 얇다. 덩이줄기는 편원형이며 표피는 담황색이고 속은 흰색이다. 덩이줄기의 생리장해 발생은 대서에 비하여 다소 많지만 중심공동, 내부 갈색반점의 발생은 적다. 역병에 대하여 대서나 대지에 비해 강한 중도 저항성이며, 더뎅이병에 대해서도 강하다. 다만 바이러스에 약하기 때문에 채종재배 시 진딧물 방제를 철저히 하여야 한다. 건물률은 대서보다 다소 낮으나 수미, 대지에 비하여 높고 칩색은 대서, 대지에 비하여 밝기 때문에 칩가공용으로 적합하다. 휴면기간은 수확 후 60~70일로 대지에 비하여 다소 긴 편이다.

〈표 6-27〉 은선의 고유 특성

품종명	지상부				지하부			
	형태	엽형	줄기색	꽃색	모양	표피색	육색	휴면기간
은선	반개장	계란형	녹색	흰색	편원형	담황색	흰색	60~70일

(3) 재배상 유의점

은선은 바이러스에 다소 약하므로 채종재배 시 진딧물 방제를 철저히 하여야 한다. 또 휴면기간이 대지, 추백에 비하여 약 10일 정도 길어 봄재배에서 생산한 씨감자를 가을재배할 때에는 휴면타파에 유의하여야 한다. 가공용으로 재배할 때에는 재식거리를 다소 좁히는 것이 좋은데 특히 가을재배 시에는 줄기가 1~2개에 불과하므로 포기 사이를 20cm 정도로 좁게 심는 것이 좋다.

쟈. 강선

강선은 2006년 대관1-83호와 추백을 인공교배하여 육
성하였다. 제주도에서 실시한 저온단일 적응성 검정시험
에서 우수한 특성을 보여 지역적응시험에 공시되었으며,
이후 휴면기간이 다소 길지만 역병에 매우 강하고 풋마
름병에 중도 저항성을 보임에 따라 내병성 2기작감자 신
품종으로 선발되었다.

(2) 주요 특성

강선은 중만생종으로 대지보다 조금 짧은 숙기를 보인
다. 줄기는 직립성으로 자라며, 키가 크고 강건하고 세력
도 강한 편이다. 줄기에는 안토시아닌이 착색되어 자주
색 반점이 많이 보인다. 감자 덩이줄기는 원형으로 표피
는 황색이지만 완전히 성숙하면 겉이 거칠거칠하고 러셋
형태를 보이며 속색은 황색이다. 덩이줄기의 눈이 깊지
만 건물함량이 높고 맛이 좋다. 역병에 대하여 재배지 저
항성, 진정 저항성이며, 풋마름병에 대해서도 중도 저항
성을 보인다. 바이러스에 대해서는 다소 약하며, 더뎅이
병에 대해서도 약하지만 대지에 비해서는 저항성이다.

〈표 6-28〉 강선의 고유 특성

품종명	지상부				지하부			
	형태	엽형	줄기색	꽃색	모양	표피색	육색	휴면기간
강선	직립	계란형	녹색 (자주색 반점)	담홍색	원형	황색 (Russet)	황색	70~80일

(3) 재배상 유의점

강선은 바이러스에 다소 약하므로 채종재배 시 진딧물 방제를 철저히 하여야 한다. 또 휴면기간이 대지, 추백에 비하여 약 10~20일 정도 길어 봄재배에서 생산한 씨감자를 가을재배할 때에는 휴면타파에 유의하여야 한다. 더뎅이병에 약하기 때문에 병원균 밀도가 높은 곳에서는 재배하지 않는 것이 좋다

차. 만강

(1) 육성경위

만강은 미국에서 도입한 칩가공용 품종인 대서(Atlantic)를 모본으로 하고, 국제연구소에서 감자역병 저항성 자원으로 육성한 IT244159계통을 부본으로 하여 2005년도에 인공교배를 실시하여 육성하였다. 무농약 재배에서 수량이 많고 감자칩 적성이 우수하며 감자역병에 강한 것으로 확인됨에 따라 2016년 신품종으로 선정되었다.

(2) 주요 특성

만강은 반개장형으로 자라며 줄기의 키가 크고 세력이 매우 왕성한 만생종감자 품종이다. 잎과 줄기는 녹색이며, 제2측소엽은 좁은 편이다. 꽃은 담홍색으로 많이 핀다. 덩이줄기는 편원형으로 표피는 황색이며 속색은 백색이다. 덩이줄기의 눈 기부가 홍색으로 다른 품종들과 차이가 있다. 기형서, 열개서 등의 발생은 대서보다 다소 많으나 내부 갈색반점의 발생은 적다. 역병과 겹둥근무늬병에 대하여 저항성이며, 더뎅이병에 대해서도 중도 저항성이다. 덩이줄기의 건물률은 대서와 비슷하거나 다소 높으며, 칩색은 비슷하기 때문에 고랭지 칩가공용 감자로 우수한 특성을 가지고 있다.

〈표 6-29〉 만강의 고유 특성

품종명	지상부				지하부			
	형태	엽형	줄기색	꽃색	모양	표피색	육색	휴면기간
만강	반개장	계란형	녹색	담홍색	원형	황색	흰색	90~100일

(3) 재배상 유의점

만강은 만생종으로 숙기가 길기 때문에 재배 기간이 짧은 봄 일반재배에는 다소 적응성이 없다. 고랭지 여름재배에서도 산광싹틔우기를 통해 싹을 충분히 내어 심음으로서 파종 후 출현을 촉진시키는 것이 좋다. 또 바이러스에 약하기 때문에 씨감자 채종재배시 진딧물 방제를 철저히 하여야 한다.

캬. 수선

(1) 육성경위

수선은 2010년 우리나라에서 육성된 2기작 칩가공용감자 고운과 휴면기간이 긴 대관1-109호를 교배하여 육성하였다. 더뎅이병에 강하고 바이러스에 중도 저항성이면서 덩이줄기의 생리장해 발생이 적어 2017년 12월 신품종으로 선정되었다.

(2) 주요 특성

수선은 조중생종으로 수미에 비하여 숙기가 다소 늦으며, 대서와 비슷하다. 줄기는 반개장형으로 자라고 꽃은 흰색이지만 거의 피지 않는다. 덩이줄기는 원형으로 표피는 황색으로 완전히 성숙하면 거칠거칠한 러셋 형태를 보이며 속색은 흰색이다. 더뎅이병에 강하며 바이러스에는 중도 저항성이다. 건물함량은 대지보다 높고 수미와 비슷하다. 생리장해 발생은 대지에 비하여 현저히 적다. 삶았을 때 중간질 형태로 맛은 보통이다.

<표 6-30> 수선의 고유 특성

품종명	지상부				지하부			
	형태	엽형	줄기색	꽃색	모양	표피색	육색	휴면기간
수선	반개장	계란형	녹색	흰색	원형	황색 (Russet)	흰색	50~60일

(3) 재배상 유의점

생육기간이 다소 길어 봄재배 시에는 조기 수확을 위하여 산광싹틔우기를 잘 하여야 한다. 또 역병에 다소 약하므로 가을재배 시 후기에 습도가 높고 온도가 낮을 때에는 역병 예방을 철저히 하는 것이 좋다.

제6장 감자 육종과 주요 품종

▶ 우리나라에 감자가 처음 들어온 것은 1824년경이라고 알려져 있다.

▶ 해방 후 혼란과 한국전쟁으로 중단되었던 감자 품종의 육성은 1961년 고령지시험장의 설치와 함께 도입 육종을 시작하였다.

▶ 감자의 육종 효율이 떨어지는 이유는 교배에 사용되는 양친의 유전적 다양성이 적어 이들 간의 교배로 잡종강세현상을 얻지 못하기 때문이다.

▶ 감자 품종 육성 방법
  - 교잡육종법 : 우수한 양친을 선발한 후 이를 인공적으로 교배시켜 종자를 얻는 방법(교배에서 농가 보급 품종 육성까지 8~10여 년이 걸린다).

  - 유전자 전환 : 육종 대상 형질의 목표가 되는 유전자만을 분리하여 개량하고자 하는 재배종에 도입하는 방법.

▶ 어떤 감자 품종을 원산지가 아닌 다른 지역에 도입하고자 할 때에는 미리 그 지역에 맞는지 특성을 평가할 필요가 있다.

▶ 현재 우리나라의 감자 육종 체계는 교배육종이 주를 이루고 있다.

▶ 감자는 벼, 보리, 콩, 옥수수와 함께 국가품종목록등재 5대 작물로 지정되어 있으며, 2017년 말 기준으로 새로 육성된 만강, 은선, 강선을 포함하여 약 70여 품종이 출원(등록)되어 있다.

▶ 감자는 재배 시기(1기작용과 두 번 짓기(2기작)용), 용도(식용, 칩용, 프렌치프라이용), 숙기(조성종, 중생종, 만생종) 등으로 구분할 수 있다.

▶ 주요 감자 품종으로는 수미, 대지, 조풍, 대서, 추백, 하령, 고운, 서홍, 자영, 홍영, 새봉, 남선, 은선, 금선, 만강, 대광, 강선 등이 있다.

MEMO

제7장
가꿈꼴(작형)별
재배 기술

온도, 일조, 강수량, 토양 조건 등에 따라 감자의 생산량은 큰 차이를 보인다. 계절
별 적절한 재배 방법과 기계화에 의한 생력재배 등을 알아본다.

1. 봄재배

2. 가을재배

3. 여름재배

4. 겨울시설재배

5. 기계화 생력재배

01 봄재배

우리나라 봄감자 재배 면적은 해에 따라서 약간 차이가 있으나 총 재배 면적의 약 60%를 차지하고 있어 우리나라 감자재배의 대표적인 가꿈꼴(작형)이라고 할 수 있다. 봄감자 재배는 지역에 따라 감자 심는 시기가 달라서 우리나라 전체적으로 볼 때 파종기는 2월 중하순(남부 지방)부터 4월 상순(중부 중산간 지방)까지. 씨감자를 심는 기간이 길고 수확기간도 5월 하순부터 7월 중순까지 분포되어 있다. 봄감자 재배는 수확기나 수확한 직후 장마가 오고 온도가 높아지기 때문에 감자의 저장이 어려워 수확기인 6월 상순부터 7월 상순에 집중 출하가 이루어져 감자 가격이 폭락하는 원인이 되어왔다. 그러나 최근에는 싹틔움 비닐피복재배로 심는 시기가 앞당겨지는 경우가 있어 감자를 수확하고 시장에 내는 기간이 옛날보다 분산되어 가격의 폭락 현상은 다소 줄어들고 있다.

남부 지방의 봄감자 재배는 주로 논 앞그루 재배로 많이 이루어지기 때문에 토지 이용면에서 유리하며 재배가 쉬워 농촌의 인력이 부족한 최근에는 봄감자 재배에 대한 관심이 높아지고 있다.

봄감자 재배 방법에는 남부 지방의 봄 조기재배와 중남부 평난지와 중산간 지방의 봄 일반재배가 있다. 봄 조기재배는 2월 중하순경 감자싹을 틔워 아주심기하거나 본밭에 직접 심고 투명PE필름으로 덮어(피복) 재배하는 것을 말하며, 일반재배는 본밭에 직접 심어 비닐을 덮지 않는 경우도 있지만, 최근에는 땅속 온도 유지와 잡초 제거를 위하여 흑색PE필름이나 배색PE필름을 이용하여 피복재배를 많이 한다.

싹틔움 재배

봄감자의 조기재배는 감자싹을 틔워 본밭에 아주심은 후 PE필름으로 덮거나 본밭에 직접 심은 후 PE필름으로 덮는 경우가 있다. 과거에는 감자싹을 틔워 재배하는 경우가 많았으나 최근에는 노동력 문제로 산광싹틔우기를 한 씨감자를 직접 본밭에 심고 멀칭하여 재배하는 경우가 대부분이다.

중부 이북 지방의 경우 6월 하순부터 시작되는 장마기 이전에 수확을 하려면 싹틔워 아주심은 후 PE필름 피복재배가 안전하다. 남부 해안 및 도서 지방에서는 감자 심는 시기가 빠르고 생육 초기(4월 상순 출현 후)에 늦서리 피해가 우려되어 직파 후 PE필름 피복재배가 안전하다. 만약 출현 후 생육 초기에 늦서리 피해로 잎줄기가 고사되어도 지하부에서 다시 새싹이 올라오므로 비교적 안전한 재배 형태이다.

가. 싹틔움상(육아상) 설치 시기

싹틔움상 설치는 지역에 따라 다르며 아주심기(정식) 예정일로부터 약 20~25일 전, 즉 중부 지방의 경우는 3월 상순부터 중순 사이에 싹틔움상에 감자를 놓아 싹을 기른 후 3월 하순부터 4월 상순에 아주심고, 남부 지방은 2월 중순부터 2월 하순에 싹틔움상에 씨감자를 놓아 싹을 기른 후 3월 상순부터 중순 사이에 아주심는다. 이때 주의할 점은 싹틔움 기간이 길어져 감자싹이 자라면 아주심은 후 감자싹이 땅속에 묻히지 않고 땅 위로 올라오게 되어 늦서리의 피해를 받게 되므로 재배 지역에 따라 씨감자를 싹틔움상에 놓는 시기를 조절할 필요가 있다.

나. 싹틔움상 설치 방법

싹틔움상은 북서풍이 막히고 햇빛이 잘 들어 따뜻하고 물 빠짐이 좋은 장소를 택하여 설치한다.

싹틔움상 설치 면적은 10a당 약 20m²가 소요되므로 재배 면적에 따라 알맞게 설치한다. 설치하는 방법은 땅을 20cm 깊이로 파서 맨 밑바닥에 볏짚을 3~5cm 정도 두께로 깐 후 모래를 7~8cm 두께로 넣어 잘 고른다. 그리고 4/5 정도 절단하여 상처를 치유한 씨감자를 각각 떼어 씨감자가 서로 닿지 않을 정도로 절단면이 밑으로 향하게 촘촘히 놓고 그 위에 모래나 왕겨로 감자가 보이지 않도록 1cm 정도 두께로 덮어준다. 씨감자가 네 쪽으로 잘라진 것은 네 쪽으로 나누지 말고 두 쪽이 붙은 상태로 잘린 면이 아래로 가도록 놓았다가 아주심을 때 한 쪽씩 떼어놓는다.

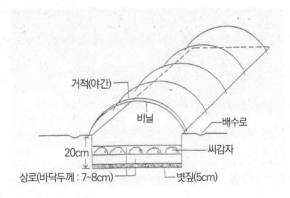

〈그림 7-1〉 싹틔움상 설치 방법

모래나 왕겨를 너무 두껍게 덮으면 감자싹이 너무 길어져 아주심을 때 싹이 상처를 받기 쉽고 흙덮기가 어려워 싹이 땅 위로 올라오게 되므로 서리 피해를 받기 쉽다. 또한 너무 얕게 덮으면 싹틔움상이 말라 감자싹의 자람이 늦어지게 되므로 알맞은 두께로 덮는 것이 매우 중요하다.

모래를 덮은 다음에는 미지근한 물을 골고루 충분히 뿌려주고 비닐로 터널을 만들어 보온을 하는데, 밤에는 온도가 낮아지므로 비닐 위에 거적을 덮어 싹틔움상 내의 온도가 5℃ 이하로 떨어지지 않도록 한다. 낮에는 상 내의 온도가 30℃ 이상 올라가면 잠시 비닐을 걷어 바람이 통하게 하여 18~25℃가 유지되도록 하는 것이 가장 좋다.

다. 아주심기

(1) 아주심는 시기

싹을 틔워 아주심는 시기는 중부 지방의 경우 3월 하순부터 4월 상순까지이고 남부 지방은 3월 상순부터 중순경이다. 늦서리의 피해가 적은 지역에서는 일찍 심을수록 좋다. 아주심을 때 알맞은 감자싹의 길이는 3~5cm 정도이

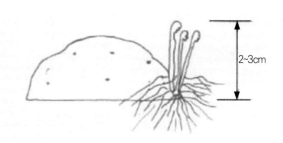

〈그림 7-2〉 아주심기에 알맞은 감자싹의 길이

며 뿌리가 잘 발달해야 심은 후 잘 뿌리내림(활착)되고 초기 생육이 왕성하게 된다.

싹틔움상에서 너무 오랫동안 키워 잎이 전개된 씨감자는 뿌리가 많이 끊기고 아주심은 후 잎에서 수분증산이 많아 뿌리내림(활착)이 늦어지므로 잎이 전개되기 직전에 아주심는 것이 바람직하다.

(2) 아주심는 방법

감자밭은 아주심기 하루 전이나 심는 날 땅을 고르고 이랑을 만들어 아주심는 것이 좋다. 우리나라의 봄철은 건조하기 때문에 아주심기 오래 전에 이랑을 만들면 토양이 건조되어 아주심은 후 토양 수분 부족으로 뿌리내림(활착)이 좋지 않아 저온에 견

디는 힘이 약하여 늦서리 피해를 받기 쉽고 초기 생육이 늦어진다.

싹틔움상에서 씨감자를 채취할 때는 채취 하루 전 또는 2~3시간 전에 물을 충분히 주어 뿌리가 끊어지지 않게 한다. 밭이 먼 곳에 있을 경우에는 아주심기 하루 전 오후 또는 아주심는 날 이른 아침에 씨감자를 채취하여 바구니에 차곡차곡 쌓아 싹이 손상되지 않게 하고 거적을 덮어 수분 증산을 막아가며 운반한다.

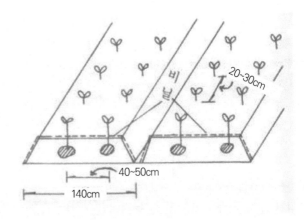

〈그림 7-3〉 봄감자 2조식 PE멀칭재배

감자를 심는 방법으로는 한 이랑 내에 1줄로 심는 방법과 2줄로 심는 방법이 있는데 지역에 따라 다르다. 봄에는 대부분 건조하므로 1줄로 심었을 때 2줄로 심은 것보다 토양 부피가 적어 마르기 쉽고 밤의 최저 기온도 빨리 낮아지므로 감자 생육과 수량 면에서는 2줄로 심는 것이 유리하다. 아주심는 방법은 〈그림 7-3〉과 같은 방법으로 높은 이랑에 2줄로 심는데 퇴비를 전면살포하고 이랑을 만든다. 이

때 아주심기 전의 이랑 사이는 1줄로 심는 경우에는 60~80cm로 하고 2줄로 심을 때에는 이랑폭을 100cm 정도로 한 뒤 이랑 내에서 40~50cm로 하며 포기 사이를 20~30cm로 심는다. 가공용 감자를 심는 경우에는 포기 사이를 20~25cm로 좁게 하여 큰 감자가 적게 달리게 하는 것이 좋다. 비료 주는 양은 10a당 질소 10kg, 인산 8.8kg, 칼륨 13kg(요소 22kg, 용과린 45kg, 염화칼륨 22kg)을 주는데, 최근에는 감자 전용 복합 비료가 생산되므로 이를 이용하면 편리하다. 퇴비는 완전히 썩은 것을 이용하여 2톤 정도 뿌려준다.

본래 씨감자는 얕게 묻고 싹이 올라오면 북을 주는 것이 좋지만, 최근에는 PE필름 피복재배를 하기 때문에 북을 주기 어렵다. 따라서 아주심기할 때 감자싹이 완전히 묻히도록 10~20cm 두께로 흙을 덮고 두둑을 잘 고른 다음 감자밭용 제초제를 살포하고 0.015~0.03mm 두께의 PE필름으로 흙에 완전히 달라붙도록 팽팽하게 덮어준다. 필름이 느슨하면 잡초 발생이 많고 감자싹이 올라온 후 필름이 바람에 날려 싹에 상처를 주는 경우도 있다. 필름은 투명PE필름이 가장 좋으며 흑색PE필름은 잡초 방제 효과가 좋지만 땅속 온도를 높이는 데 있어서는 투명PE필름보다 불리하다. 최근에는 감자가 올라오는 중앙 부분은 투명하고 좌우는 흑색인 배색필름이 보급되고 있다.

(3) 아주심은 후 관리

아주심은 후 1주일 정도 지나면 싹이 땅 위로 올라오게 되는데 올라온 직후 피복 필름에 구멍을 뚫어 싹의 끝이 고온 피해를 입지 않도록 해야 한다. 그러나 싹이 피복 필름 위로 노출되어 늦서리의 피해가 염려될 경우에는 싹이 올라오는 부분을 예리한 칼로 5~7cm 길이로 '-' 자 형태로 찢어주면 어린 싹의 서리 피해를 막을 수 있다. 감자싹이 거의 나오게 되면 필름의 찢어진 부분으로 잡초가 올라오는 것을 막고 온도와 수분을 적절히 유지시켜주기 위하여 찢어진 부분에 흙을 덮어주는 것이 효과적이다. 아주심은 후 덮은 필름은 수확할 때까지 그대로 두어야 잡초 발생을 막아 줄 뿐만 아니라 토양 수분 보존에도 유리하여 수량이 증가된다.

직파 필름피복재배

씨감자를 싹기름상에서 기르지 않고 본밭에 직접 심고 필름을 덮어 재배하는 것은 싹틔움재배와 파종 방법이 동일하다. 다만 싹을 틔우지 않는 대신 산광싹틔우기를 하여 심는 것이 다르다.

감자를 심기에 가장 좋은 시기는 남부 지방의 경우 언 땅이 녹는 2월 중하순부터 3월 상순까지이고 중부 지방은 3월 중하순이다. 중부 지방과 같이 늦게까지 기온이 낮은 곳에서는 조기재배로써 싹틔움을 하는 것이 유리하나 남부 지방과 같이 2월 하순부터 일찍 심는 곳에서는 구태여 싹을 틔우지 않아도 싹틔움재배와 같은 효과를 얻을 수 있다.

일찍 직파한 남부 지방의 경우에는 싹틔움재배와 수량에 큰 차이가 없는 것으로 나타났다. 늦서리 피해는 중부 지방보다 감자싹이 일찍 올라오는 남부 지방에서 극심하므로 이러한 경우에는 싹을 틔워 아주심는 것보다 직파 후 PE필름 피복재배가 유리하다.

일부 남부 해안 지방은 12월 중순부터 1월까지 감자를 심는 곳도 있는데 이와 같이 일찍 심어도 씨감자가 휴면상태에 있고 온도가 낮아 겨울을 난 후 봄이 되어야만 싹이 올라오게 된다. 따라서 이러한 재배는 지표면이 5cm 이상 동결되지 않는 곳에서만 가능하며, 그 외 지역에서는 씨감자가 얼 수 있기 때문에 이른 봄에 심는 것이 안전하다.

가. 씨감자 산광싹틔우기

감자 심는 시기가 빠른 남부 지방에서는 씨감자의 휴면이 완전히 깨지 않은 경우가 많다. 따라서 씨감자는 가을에 구입하여 겨울 동안 저장한 후 심기 20~30일 전에 꺼내 휴면을 완전히 깨우고 심어야 감자싹이 빨리 나온다. 저장고에서 꺼낸 씨감자는 따뜻한 온실이나 하우스에 옮겨 싹이 3~5mm 정도 나오면 상자에 넣어 그늘이나 약한 빛이 들도록 쌓아 놓거나 바닥에 거적을 깔고 씨감자를 2~3개 두께로 펼쳐 놓아 싹이 튼튼히 자라도록 한다. 이렇게 하면 싹이 나오지 않은 씨감자를 심을 때보다 출현을 앞당길 수 있고 조기재배 효과를 거둘 수 있다.

나. 씨감자의 절단과 절단면 치유

산광싹틔우기를 하는 동안 씨감자를 절단하는데, 감자를 심기 1주일 전에 씨감자를 4/5 정도 절단하여 씨감자 절편이 완전히 떨어지지 않도록 해야 절단면이 잘 치유된다. 절단면 치유 조건은 14~15℃ 기온에서 상대습도를 85~90%로 유지해야 좋다. 따라서 절단된 씨감자를 상자에 담아 하우스 안에 옮겨 놓고 4~5일간 거적에 물을 약간 적셔 상자를 덮어 놓으면 상처가 완전히 치유된다. 그 후 2~3일 동안 거적을 걷어 약한 빛을 씨감자에 쬐어 싹을 튼튼하게 한 후 심는다.

다. 파종 방법과 관리

파종 방법은 싹틔움 PE필름 피복재배의 아주심는 방법과 같으며 밭 관리도 같은 방법으로 하면 된다. 지역에 따라 출현 시기가 다르지만 감자를 심은 후 20~30일이면 싹이 나오므로 이때 피복 필름을 뚫는 데 관심을 기울여야 한다.

일반재배

일반재배는 우리나라 중남부 평난지나 중산간 지방 또는 여름재배 지역에서 이용되는 방식이다. 얼었던 흙이 녹으면 밭을 갈고 흙을 고른 뒤 밭고랑에 감자를 놓고 흙을 덮어주거나 이랑을 만들고 PE필름으로 덮은 후 피복 필름에 구멍을 뚫고 감자를 심는다. 감자싹이 올라오면 피복하지 않은 곳에서는 북을 주고, 바닥을 덮은 곳에는 구멍 안에 흙을 충분히 넣어준다. 재배하기 쉽고 노력이 적게 드므로 늦은 봄부터 여름까지 비교적 생육기간이 긴 중산간지 또는 고랭지에서 넓은 면적에 감자를 심을 때 유리하다.

일반재배에서 가장 문제가 되는 것은 제초다. 중산간 지방의 경우 감자를 심은 후 감자싹이 나올 때 잡초도 왕성하게 자라므로 감자를 심은 후 반드시 제초제를 뿌리는 것이 좋다. 그리고 북을 일찍 주어 생육 초기에 잡초 발생을 줄여야 한다. 일반재배에 있어서도 감자를 심기 전 씨감자를 산광싹틔우기를 해서 심으면 병해 발생을 줄이고 조기에 수량을 높이는데 유리하다.

봄감자 재배의 일반관리

봄감자 재배는 생육 초기의 낮은 온도와 가뭄으로 초기 생육이 지연되고 생육 후기에는 고온과 토양 과습으로 덩이줄기의 품질이 낮아지고 감자가 많이 썩는 것이 문제점으로 지적된다.

따라서 생육 초기의 저온에 의한 생육지연을 극복하기 위해서는 싹틔워 아주심기를 한다든가 PE필름으로 피복하여 재배하는 것이 유리하다. 남부 지방과 같이 일찍 아주심기하는 지역에서는 감자가 상당히 자란 상태에서 늦서리 피해를 받아 잎줄기가 완전히 말라 죽은 사례가 몇 년에 한 번씩 발생하고 있다. 이와 같은 피해가 염려되는 지역에서는 싹틔워 아주심기보다는 조기에 직파하여 PE필름 멀칭으로 재배하는 것이 안전하다. 생육 초기부터 덩이줄기 비대기까지는 대체로 건조한 시기이므로 가뭄에 의하여 잎줄기 생육과 덩이줄기 비대가 늦어지게 되어 수량 감소가 크므로 수시로 물주기를 하는 것이 다수확의 지름길이다.

물주는 방법으로는 스프링클러, 레인호스 등으로 살수하거나 점적호스를 이용하여 방울물대기(점적관수)를 한다. 감자 골에 물을 채워주는 방법도 있다. 경사지에서는 방울물대기나 살수방법을 이용하고 평탄지에서는 방울물대기나 골에 물을 흘려서 주는 것이 효과적이다. 그러나 골에 물을 줄 경우에는 골에 오랜 시간 물이 고여 있지 않도록 물막이를 터서 곧바로 물이 빠지도록 해야 한다. 그리고 물을 줄 때에는 덩이줄기 비대 중기 이전에 끝내야 한다. 덩이줄기의 비대가 완료되는 시기에 물을 주면 덩이줄기의 부패를 조장하므로 주의해야 한다.

또한 건조한 상태에서 씨감자를 심고 PE필름 멀칭을 하면 감자싹의 출현이 늦어지므로 되도록 토양 수분이 마르지 않게 땅을 고른 직후에 감자를 심고 PE필름피복을 해야 하며 건조할 때에는 되도록 깊게 심어야 한다. 또한 PE필름피복 위를 철사 등으로 군데군데 찔러서 구멍을 뚫어 놓으면 빗물이 스며들어 비가 내린 효과를 최대로 이용할 수 있다.

봄감자의 수확기는 대부분 장마기에 도달하므로 장마기 이전에 수확이 완료되도록 영농설계를 하는 것이 바람직하다. 이와 같은 저온과 가뭄대책 외에도 잡초 발생이 많을 때에는 잡초의 발아억제용 제초제를 살포하는 것이 좋으며 일반 노지재배 시에는 제초제 살포 또는 북주기를 겸한 물리적인 김매기도 소홀히 해서는 안 된다.

병해충 방제

감자가 자라는 동안 가장 문제가 되는 병으로 감자 검은무늬썩음병(흑지병)과 역병을 들 수 있다. 싹틔움상에서 싹을 틔울 때에는 검은무늬썩음병 발생이 심하며, 밭에서 자랄 때에는 생육 중기에 역병이 발생한다.

싹틔움상에서 검은무늬썩음병의 발생을 방지하기 위해서는 씨감자에 살균제가루를 묻히거나(분의) 물에 담그는(침지) 처리를 하여 심고 싹틔움상 안이 저온 다습하지 않도록 한다. 역병은 생육 중기에 비가 자주 오거나 안개가 자주 발생하는 시기에 많이 발생하므로 평소에 밭을 잘 관찰하여 역병이 발생되기 전에 미리 예방해야 한다. 그리고 진딧물 등 해충이 발생될 때는 약제를 살포하여 구제하도록 해야 한다(감자 병해충 방제편 참조).

수확, 선별 및 포장

감자 수확은 비가 오지 않는 날을 골라서 토양이 건조할 때 한다. 비가 오거나 토양이 과습할 때 수확을 하면 수확 후 쉽게 썩을 수 있다.

봄감자 수확기에는 수확한 감자를 감자의 잎줄기로 덮어서 감자 덩이줄기 체온이 높아지는 것을 막아 주어야 한다. 수확 후 오랫동안 햇빛을 받으면 감자 체온이 높아져 저장 중 많이 썩게 된다.

수확한 감자는 밭에서 크기별로 구분하여 플라스틱 상자에 담거나 저장 장소에 모아 놓고 선별하여 출하한다. 선별 시에는 크기가 일정하게 선별하여 바람이 잘 통하는 골판지 상자로 포장한 뒤 출하한다. 감자의 부가가치를 높이기 위해서는 소비자의 기호에 알맞도록 포장 크기도 고려를 하는 것이 중요하다.

02 가을재배

우리나라의 가을감자 재배 면적은 약 3,000~5,300ha로서 전체의 15~19% 정도이다. 감자는 원래 서늘하고 밤과 낮의 온도차가 큰 고산 지대에서 잘 자라는 저온성 작물로 생육 조건이 14~23℃이며 비교적 높은 온도인 25℃ 이상에서는 덩이줄기가 달리고 굵어지는 작용을 멈춘다.

특히 덩이줄기가 굵어지기 위해서는 낮 온도가 23~24℃이고, 밤 온도가 10~14℃이며, 일장(낮의 길이)이 11시간 정도 되는 단일 조건이 가장 좋다.

우리나라의 가을철 기온은 고온에서 점차 저온으로 떨어지며 밤낮 간의 온도 차이가 크고 일장도 단일로 변화되므로 감자의 생육 조건에 매우 유리하다. 특히 남부 지방에서 9~11월은 감자 생육에 아주 좋은 기상 조건이어서 덩이줄기가 빨리 굵어진다.

따라서 덩이줄기가 굵어질 때 온도가 높고 장일 조건인 봄재배에 비하여 가을재배는 짧은 기간에 높은 수량을 올릴 수 있는 가꿈꼴(재배작형)이다. 또한 가을감자는 수확하는 시기에 날씨가 맑고 대기가 건조한 경우가 많고, 수확 후 기온이 낮아 품질을 손상시키지 않고 안전하게 오랫동안 저장할 수 있어 시장 출하에 매우 유리하다.

그러나 가을감자 재배는 감자를 심는 시기인 7월 하순~8월 하순의 높은 온도와 습도로 씨감자가 많이 썩기 때문에 출현율 확보가 어려운 경우가 많다.
따라서 가을감자 재배에서는 출현율만 충분히 확보한다면 다른 어느 가꿈꼴(작형)보다도 농가 소득을 높이는데 유리하다고 할 수 있다.

씨감자 선택

가을감자 재배에 알맞은 품종으로는 휴면이 짧은 2기작 품종인 대지, 추백, 고운 등이 있다. 전에는 정부 보급종이 공급되었지만 2009년부터는 민간업체에서 구입하여 심어야 한다. 가을재배용 대지, 추백, 고운 같은 품종들은 휴면이 짧기 때문에 봄재배로 6월 상중순에 수확한 덩이줄기를 8월 상중순에 심더라도 심기 전 별도의 휴면타파 처리 없이 가을재배가 가능하다.

가을재배용 씨감자는 절단하지 않고 심을 수 있는 30~60g 정도의 크기가 가장 좋다. 가을재배 씨감자를 심는 시기는 온도와 습도가 매우 높으므로 절단한 씨감자를 파종하면 씨감자가 많이 썩기 때문이다.

씨감자 절단과 치유

감자의 병은 대부분 씨감자로 전염된다. 특히 씨감자를 자를 때 칼과 절단면을 통해 전염이 이루어진다. 따라서 씨감자를 자를 때에는 직사광선을 피하여 서늘한 장소에서 녹슬지 않은 칼로 자르는 것이 좋다. 씨감자를 자르는 칼은 씨감자를 하나하나 자를 때마다 클로락스나 끓는 물에 30초 이상 담가 소독한 후 맑은 물에 헹구어 잘라야 전염을 막을 수 있다. 소독방법은 여러 개의 칼을 소독수에 담가 놓고 감자 한 개 한 개 자를 때마다 칼을 바꾸어 맑은 물에 헹구어 사용하면 된다.

씨감자는 2~4등분하여 한 쪽이 30~40g 정도 되게 자르는 것이 경제적이다. 가을재배용으로 씨감자를 자를 때는 정아(頂芽) 부분에서 기부(基部) 쪽으로 똑같게 자르되 완전히 잘라서 상처를 치유하는 것이 심은 후 썩는 것을 줄일 수 있다. 자른 면의 상처를 치유하는 데는 85%의 상대습도와 15℃ 정도의 온도가 가장 좋은 조건이다. 따라서 씨감자는 공기가 잘 통하는 상자에 넣어 바람이 잘 통하는 서늘한 장소에 쌓아 놓고 거적에 물을 촉촉이 적시어 상자 주위를 덮는다. 이렇게 하여 1~2일이 지나면 상처가 잘 아물어 심은 후 씨감자의 부패를 방지할 수 있다. 그러나 가을감자는 자른 후 싹틔움상 모래에 곧바로 치상하는 것이 상처를 치유하면서 감자싹을 빨리 틔우는 가장 쉬운 방법이다.

씨감자 싹틔우기

가을감자 재배는 온도가 높을 때 심게 되므로 씨감자의 부패가 많아 재배지 입모율(圃場立毛率)이 떨어져서 수량 감소의 원인이 된다. 따라서 가을감자 재배는 감자를 싹틔워 아주심는 것이 직파하는 것보다 재배지 출현율을 높이는데 유리하다.

남부 지방과 같이 8월 하순에 파종하는 곳에서는 직파도 가능하지만 싹을 틔워 심는 것이 더욱 안전하다고 할 수 있다.

싹틔움상 설치 시기는 중부 지방이 7월 하순, 남부 지방은 8월 상순~중순경이다. 바람이 잘 통하고 서늘하며 물 빠짐이 잘 되는 곳을 택하여 〈그림 7-4〉와 같은 방법으로 싹틔움상을 만든다. 이때 PE필름하우스를 이용하여 옆부분으로 바람이 잘 통하도록 필름을 지붕 윗부분만 씌운 다음 거적이나 차광망으로 차광을 하고 하우스 내에 싹틔움상을 설치하면 이상적이다.

싹틔움상 설치 면적은 본밭 10a당 20m² 정도면 충분하다. 감자싹을 틔우는 작업 순서는 10cm 두께의 흙 위에 깨끗한 모래를 5~8cm 두께로 깔고 고른 다음 감자를 자른 면이 밑으로 향하게 놓고 다시 모래를 감자가 보이지 않을 정도로 얇게 덮는다. 다음에 물을 충분히 뿌려주며

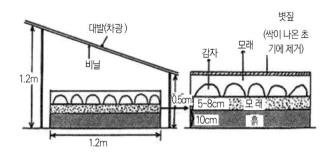

〈그림 7-4〉 가을감자 싹틔움상 설치 방법

싹틔움상 내의 온도를 낮추고 마르지 않도록 볏짚을 덮어준다. 싹틔움상은 하루에 1회 정도 물을 주어 항상 촉촉한 상태를 유지해준다. 싹틔움상 주위에는 물 빠짐 도랑을 설치하여 과습하지 않도록 한다. 싹을 틔우는 기간은 10~15일이 소요되며 아주심을 때 싹의 길이는 3~5cm 정도가 알맞다.

싹틔움상에 씨감자를 심은 후 1주일이면 싹이 나오기 시작하므로 이때 볏짚을 걷어주어 싹의 웃자람을 막아야 한다. 남부 지방과 같이 직파를 주로 하는 지역에서는 감자싹이 0.5~1.0cm 자란 씨감자를 심는 것이 유리하므로 싹틔움상에서 싹을 틔우지 않더라도 산광싹틔우기를 한 후 심는 것이 바람직하다. 산광싹틔우기 방법은 봄재배에서와 같지만 싹틔우기 시기가 여름철로 덥고 습하기 때문에 온도와 습도 관리에 유의해야 한다.

감자 심기 및 아주심기

가을감자는 싹틔움 재배와 바로심기(직파) 재배가 거의 같은 시기에 이루어진다. 되도록 일찍 심는 것이 유리하지만 온도가 높고 비가 자주 와 씨감자가 썩기 쉬우므로 기온이 차차 떨어지고 장마가 끝나는 시기에 심는다. 실제로 씨감자를 심는 시기는 중부 지방이 8월 상순~중순, 남부 지방은 8월 중순~하순이며 감자를 아주심는 작업은 고온의 한낮을 피하여 이른 아침이나 저녁시간을 택하는 것이 좋다.

감자는 덩이줄기가 땅속에 형성되는 작물이므로 토양 속에 공기가 잘 통하고 물 빠짐이 좋으며 흙덩이가 없도록 깊이 갈고 땅고르기를 잘해야 한다. 가을감자 재배에는 파종기의 고온 다습으로 인한 씨감자의 부패가 가장 큰 문제이므로 이랑의 방향은 가급적 동서로 한다. 씨감자는 〈그림 7-5〉와 같이 이랑의 북쪽 면에 놓아 직사광선을 피하도록 한다.

감자를 심은 후에는 짚 또는 생풀 등으로 씨감자가 묻힌 부분을 해가림하여 지온상승, 건조, 폭우 등으로 인한 피해를 막아준다. 이때 심겨진 씨감자가 고랑보다 높은 곳에 위치하여 토양 과습에 의해 썩지 않게 해야 한다. 가을감자 재배는 생육기간이 봄재배에 비해 짧고 생육 후기 줄기와 잎의 신장이 느려지므로 봄재배보다 질소질 비료를 20% 정도 많이 주어 덩이줄기 비대기 이전에 잎줄기를 충분히 자라게 해야 많은 양을 거둘 수 있다.

재식밀도는 봄재배보다 약간 배게 심는 것이 좋은데(75×20cm) 10a당 6,600주 정도가 알맞다. 시비량은 질소 12kg, 인산 8.8kg, 칼리 13kg(요소 26kg, 용과린 44kg, 염화가리 23kg)이 알맞다. 화학비료를 사용할 때 토양 살충제를 섞어서 살포하면 토양 해충의 방제효과가 크다. 퇴비는 골 또는 전면 살포하며 300평(10a)당 1,500~2,000kg 정도 넣는다.

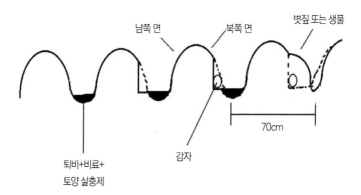

〈그림 7-5〉 가을감자 아주심기 요령

여름재배

여름재배는 주로 고랭지대에서 이루어지며 보통 4월 중~ 5월 상순에 감자를 심어 9월 상순~10월 상순에 수확 하므로 재배 기간이 비교적 긴 작형이다.

고랭지는 여름이 선선하고 밤낮의 온도 격차가 크며 생육 기간이 길어 덩이줄기가 잘 굵어지고 품질도 좋은 편이다. 또한 진딧물 발생밀도가 평난지에 비하여 낮으므로 우리나라의 주요 씨감자 채종지대이기도 하다.

고랭지 여름재배는 주로 대관령 지역이 중심인데 우리나라 고랭지는 봄과 가을이 매우 짧고 겨울이 긴 것이 특징이다. 이곳은 얼었던 땅이 녹으면서 감자를 심고 나면 온도가 빠르게 올라가기 때문에 감자를 심은 후 감자싹만 빨리 올라올 뿐만 아니라 잡초의 생육도 빠르다. 따라서 고랭지대는 투명 PE필름을 덮을(피복) 경우 씨감자가 고온장해를 받아 썩을 수 있으므로 잡초 발생을 막고 토양 수분 유지와 토양 유실 방지를 위하여 흑색 필름으로 멀칭재배를 하는 경우가 많다.

씨감자의 산광싹틔우기

산광싹틔우기를 하는 목적은 감자싹을 튼튼하게 하여 검은무늬썩음병 발생을 억제하고 발아 및 초기 생육을 촉진시키며 감자 심기가 늦어질 경우 늦뿌림(만파)에 따른 피해를 줄이고자 하는 데 있다. 산광싹틔우기 방법은 앞에서 설명한 바와 같다.

씨감자 절단
씨감자 절단은 봄재배에 준하여 실시한다.

씨감자 심기
감자를 심기 전 토양 관리는 봄재배에 준하여 실시하되 퇴비는 전면살포를 하는데 우리나라 여름재배 지역은 대부분 경사지가 많아 비료의 유실이 평지보다 많으므로 비료는 이랑을 만든 후 골에 시용하는 것이 좋다.

비료량은 10a당 퇴비의 경우 1,500~2,000kg, 비료는 질소-인산-칼륨은 각각 13.7-3.3-11.4kg 사용한다. 감자 심는 깊이는 온도가 낮고 습할 경우에는 얕게 심으며, 건조하고 온도가 높을 때에는 깊게 심는다.
감자 심는 시기는 지역 및 고도에 따라 차이가 있는데, 중남부 산간 지방은 4월 중순~하순이고 강원도의 800m 이상 산간 지방은 4월 하순~5월 상순이다.

제초 및 북주기
여름재배는 잡초의 발생이 매우 빠르므로 감자를 심은 후에는 반드시 감자밭 발아억제용 제초제를 뿌려야 한다. 감자싹이 지상부로 출현하면 북주기를 실시하는데 북주기 횟수는 많은 경우 2~3회이지만 일반적으로 1~2회로 끝내는 경우가 많다. 1회 북주기는 감자싹이 15~20cm 자랐을 때 실시하고, 2회 북주기는 1회 북주기가 끝나고 15~20일 후에 실시한다. 첫 번째 북주기를 감자싹이 올라올 때 실시하면 수량이 늘어난다. 즉 감자싹이 80% 정도 올라왔을 때 가볍게 북주기를 하고 제초제를 뿌린 다음 2회 북주기를 실시하면 효과적이다.

관리

고랭지의 기상 특성은 밤과 낮의 온도차가 크고 여름에는 아침저녁으로 과습하며 6~7월 장마기에는 강우량이 많다. 따라서 여름에 일조량이 부족하여 지상부 생육이 웃자라는 경우가 많고 감자역병이 발병되어 수량이 감소한다.

일조 부족에 의한 잎줄기의 웃자람을 방지하기 위해서는 심는 간격(재식밀도), 비료량 등 재배법의 개선과 내습성 및 저광도 적응 품종 개발에 역점을 두어야 한다.
감자역병은 고랭지 여름재배 시에 극심하므로 재배 기간 중 기상 조건을 고려하여 발병 전에 약제를 살포하여 예방해야 피해를 줄일 수 있다.

수확작업

여름감자의 수확은 9월 상순~10월 상순까지 이루어진다.

조생 품종인 수미, 남작, 조풍 등은 수확기 이전에 잎줄기가 말라 죽어 잎줄기 제거가 필요하지 않지만, 만생 품종은 병해 또는 기상재해를 받지 않는 한 잎줄기의 생존기간이 길어 수확기까지 웃자라므로 수확작업의 편의를 위해서는 잎줄기를 제거해야 한다.

잎줄기 제거는 낫으로 제거하는 기계적인 방법과 화학약품을 살포하여 말려 죽이는 화학적인 방법이 있다. 잎줄기 제거 후 비가 자주 많이 와서 수확이 늦어지면 덩이줄기의 숨구멍(皮目)이 부풀어 품질이 떨어지고 토양 중의 부패균이 침입하여 수확 후 저장성이 떨어진다. 그러므로 물 빠짐이 불량한 곳이나 비가 자주 올 때에는 잎줄기 제거 후 곧바로 수확을 하여 바람이 잘 통하는 장소에 보관해야 한다. 또한 이와 같은 조건에서 잎줄기가 일찍 말라죽는 조생 품종의 경우에는 되도록 서둘러 수확하는 것이 안전하다.

04 겨울시설재배

감자시설재배 현황과 이점

과거에는 감자재배가 대부분 봄재배 및 여름재배로 이루어 지게 되었고, 봄재배의 수확기인 6~7월에는 온도와 습도 가 높아 자연상태에서는 저장이 어려우므로 수확 후 곧 바로 출하함으로써 홍수 출하 현상이 발생하여 감자 가격의 폭락으로 경영상에 문제가 많았다. 그러나 최근에는 가꿈 꼴(재배 작형)이 다양하게 분화되어 연중 감자 공급이 이루어져 감자 가격이 안정되어가는 추세이다. 특히 봄재배 의 경우 조기재배에서부터 중산간지의 일반재배까지 지역 에 따라 감자를 심는 시기가 분산됨으로써 6~7월의 가격 폭락현상은 크게 감소되었다.

최근에는 농촌의 인력난이 심각하여 시설재배의 경우 노 동 투하량이 적은 작목으로 전환하고 있다. 특히 많은 인 력을 필요로 하는 남부 지방의 딸기 촉성재배에서 감자시 설재배로 전환이 이루어지고 있는 실정이다.

최근에는 감자시설재배가 1,300~1,800ha 수준까지 증 가하면서 소득 작목으로 크게 부각되고 있다. 이와 같이 감자시설재배가 이루어지고 있는 원인은 첫째로 다른 작 물에 비해 재배하기 쉽고, 둘째로 단기간에 출하함으로써 높은 소득을 올릴 수 있기 때문이다.

시설재배상의 주요 재배 요인

가. 재배 환경요인

(1) 온도

감자는 저온성 작물로서 생육 온도가 14~23℃ 정도로 비교적 저온에서도 생육이 잘되므로 겨울시설재배에 있어서 다른 작물보다 재배가 쉽다고 할 수 있다. 그러나 12월에 주로 감자를 심으므로 한겨울의 온도 관리가 매우 중요하다.

감자시설재배는 가온을 하지 않고 2~3겹 필름으로 보온을 하기 때문에 야간에는 저온에 노출되는 경우가 많아, 초기 생육이 매우 늦어져 일찍 심더라도 조기 수확이 어렵게 되는 경우가 많다. 또한 오랫동안 저온 상태가 지속되면 감자싹의 생장이 멈추고 감자싹이 2차 휴면에 돌입하여 종종 농사를 실패하는 경우가 발생한다. 따라서 주간에는 환기에, 야간에는 보온에 유의해야 한다. 밤낮의 온도 관리를 인력에 의존하면 작업이 번거롭고 노력 소모가 많으며 일조량이나 풍속 등의 순간적인 변화에 대처하기 어렵다. 그러므로 생육 초기부터 중기까지는 시설 내 주간 온도는 강제환기 팬을 설치하여 조절하고 야간 온도는 필름커튼 등으로 보온하는 것이 바람직하다. 생육 후기에 야간 온도가 올라갈 때는 하우스의 측면으로 환기가 될 수 있도록 한다.

(2) 광도

겨울철 시설하우스 재배는 2~3중의 필름으로 보온을 하므로 주간에 터널 또는 커튼을 걷어주지 않으면 일조량 부족으로 감자싹이 웃자라 여러 가지 병의 발생 원인이 된다. 또한 하우스 내에 터널을 하게 되므로 낮 동안 하우스 내 온도가 올라가더라도 터널 내 빛의 차단과 공기의 움직임을 막아 온도 상승 효과가 떨어진다. 따라서 생육 초기의 한낮에는 터널을 걷어주어 더워진 공기가 터널 내까지 확산되도록 관리해야 한다. 한편 생육 중기 이후에는 하우스 내 온도가 너무 올라가게 되므로 출입문과 하우스 측면의 필름을 걷어 올려 30℃ 이상 올라가지 않도록 환기시켜야 한다.

(3) 토양 수분

하우스 내에는 오전에는 지표면이 습하나 오후에는 건조한 경우가 많다. 토양 수분이 부족하면 생육과 덩이줄기 비대에 큰 영향을 미치므로 하우스 내 토양 수분 상태를 수시로 점검하여 토양 수분이 충분히 유지되도록 하며, 너무 과습하거나 물 빠짐이 잘 안 되는 장소에서는 감자 재배를 가급적 피하는 것이 좋다.

나. 재배적인 요인

(1) 씨감자

겨울재배에 이용되는 씨감자는 휴면이 충분히 타파되어야 한다. 고랭지 여름재배와 남부 지방의 가을재배에서 채종되는 씨감자가 겨울시설재배에 이용되고 있다. 평난지에서 봄재배로 채종된 감자를 겨울재배용 씨감자로 이용하려면 수확 후 오랫동안 저장해야 하므로 저장 중에 씨감자의 생리적인 퇴화가 이루어져 부적합하다. 가을재배에서 생산된 씨감자는 휴면이 짧은 대지 또는 추백 같은 품종의 경우 충분히 휴면을 타파시키면 겨울재배용 씨감자로 이용할 수 있다. 휴면이 긴 품종은 고랭지의 여름재배에서 채종된 씨감자를 이용하는 것이 가장 바람직하다.

(2) 생육 중 병 발생

감자시설재배에서 생육 중 가장 큰 피해를 주는 것은 역병이다. 감자역병은 18~20℃의 비교적 낮은 온도와 85% 이상의 다습 조건에서 잘 발생하며 잎줄기를 완전히 고사시키는 무서운 병이다.

겨울철 하우스 안은 대부분 습도가 90% 이상이고 생육 중기의 온도는 역병 발생에 유리한 15~21℃ 정도이기 때문에 재배 기간 중에 종종 역병이 발생한다. 따라서 사전에 면밀한 예찰과 적기 방제를 하지 않으면 안 된다. 또한 발생이 많은 병은 검은무 늬썩음병인데 줄기의 땅속 부분의 조직을 상하게 하여 덩이줄기로 양분전류가 이루어지지 못하여 잎줄기의 겨드랑눈(腋芽)에서 덩이줄기가 형성되는 병이다. 이 병은 씨감자를 심을 때 토양 습도가 높고 저온이면 잘 발생하므로 겨울시설재배 시 많이 볼 수 있다.

재배 방법

가. 씨감자의 선택

겨울시설재배는 씨감자의 휴면타파가 농사의 성패를 좌우하므로 씨감자를 신중히 선택하여야 한다.

씨감자가 휴면상태에 있으면 씨감자를 심더라도 감자싹이 나오지 않을 뿐만 아니라 충분히 휴면타파가 되지 않으면 끝눈(정아)에서 나온 감자싹이 자라더라도 저온에 쉽게 감응하여 2차 휴면에 돌입하는 경우가 자주 발생한다. 따라서 씨감자는 휴면이 충분히 타파된 것을 이용해야 하며 고랭지 여름재배로 채종된 씨감자가 가장 좋다.

감자의 품종은 여름재배로 채종된 것이면 어느 품종이나 가능하며, 남부 지방에서 가을재배로 채종한 2기작 품종을 이용하고자 할 때에는 수확 후부터 18~25℃의 실온에 보관하여 휴면기간을 단축해야 심은 후 정상적인 출현을 기대할 수 있다. 휴면상태의 검정은 구입한 씨감자를 심기 전에 18~25℃ 정도의 실온에서 1~2주간 방치하여 감자싹이 나오는 상태를 관찰함으로써 쉽게 알 수 있다.

나. 씨감자의 싹틔우기

씨감자는 운반 중 얼지 않도록 되도록 가을에 구입하는 것이 좋으며, 구입한 씨감자는 휴면기간을 단축시키기 위하여 18~25℃의 따뜻한 곳에 저장했다가 파종 20~30일 전에 바람이 잘 통하는 상자에 넣어 PE필름하우스 내에서 산광싹틔우기를 한다. 산광싹틔우기는 휴면을 빨리 타파시키기도 하지만 휴면이 완전히 깬 씨감자에서는 감자싹의 웃자람을 방지하며 심을 때까지 안전하게 저장하는 방법이다. 산광싹틔우기 조건은 15~20℃의 온도와 80~85%의 상대습도로 유지하는 것이 가장 좋다.

농가에서 산광싹틔우기를 하는 간단한 방법은 PE필름하우스 바닥에 물이 고이지 않도록 주위보다 약간 높게 하고 바닥에 씨감자를 2~3겹 깐 뒤 차광망을 덮어 직사광선이 들어가지 않도록 한다. 이때 밤에는 기온이 영하로 떨어져 얼 염려가 있으므로 저녁에는 보온덮개를 덮어 사전에 동해를 예방하여야 하며 감자가 마르지 않도록 주의해야 한다.

다. 씨감자 절단 및 치유

감자의 병은 대부분 씨감자로 전염된다. 특히 씨감자를 자를 때 칼과 절단면의 접촉으로 전염이 이루어진다. 따라서 씨감자는 직사광선을 피하여 서늘한 장소에서 녹슬지 않은 예리한 칼로 자르는 것이 좋다. 씨감자를 자르는 칼은 씨감자를 하나하나 자를 때마다 클로락스나 끓는 물에 30초 이상 담가 소독한 후 잘라야 병의 전염을 막을 수 있다. 소독수와 맑은 물을 준비하여 여러 개의 칼을 소독수에 담가 놓고 감자를 한 개 한 개 자를 때마다 칼을 바꾸어 맑은 물에 헹구어 사용하면 된다. 씨감자는 2~4등분하여 한 개의 절편 무게가 30~40g 정도 되도록 자르는 것이 경제적이다.

씨감자를 자를 때에는 정부에서 기부 쪽으로 똑같이 자르되 완전히 자르지 않고 끝부분을 1/5 정도 남겨 절편이 떨어지지 않게 잘라야 상처가 빨리 치유되어 부패를 줄일 수 있다. 자른 면의 상처치유에는 85%의 상대습도와 15℃ 정도의 온도가 가장 좋은 조건이다. 따라서 자른 씨감자는 바람이 잘 통하는 상자에 넣어 PE필름하우스 내에 쌓아 놓고 거적°에 물을 촉촉이 적시어 상자 주위를 덮어 준다. 이렇게 하여 2~3일이 지나면 상처가 잘 아물어 감자를 심은 후 씨감자의 부패를 방지할 수 있다.

라. 싹틔우기

(1) 싹틔움상 설치 시기

싹틔움상 설치 시기는 지역에 따라 다르며, 아주심는 예정일로부터 약 20~25일 전에 설치한다. 싹틔움 기간은 보통 20~25일 소요되므로 남부 지방은 11월 상순부터 12월 상순에 치상하여 12월 상순부터 1월 중순에 아주심는다. 이때 주의할 점은 싹틔움 기간이 길어져 감자싹이 너무 길어지면 아주심을 때 감자싹이 상처를 입거나 뿌리내림(활착)이 늦어지므로 재배 지역에 따라 싹틔움상의 설치 시기를 조절할 필요가 있다.

(2) 싹틔움상 설치 방법

싹틔움상 설치 면적은 물 빠짐이 좋은 PE필름하우스 내에 10a당 약 20m²가 소요되므로 재배 면적에 알맞은 크기로 하고, 땅은 20cm 깊이로 파서 맨 밑바닥에 볏짚을 3~5cm 두께로 깐 후 상토를 7~8cm 두께로 넣어 잘 고른다.

그리고 봄재배 싹틔움 방법과 같이 씨감자를 4/5 정도 절단하여 치유시킨 것을 각각 떼어 씨감자가 서로 닿지 않을 정도로 촘촘히 놓고 그 위에 상토나 모래로 감자가 보이지 않도록 1cm 정도 두께로 덮어준다. 이때 주의할 점은 모판흙(상토)을 두껍게 덮으면 감자싹이 너무 길어져 아주심을 때 싹이 상처입기 쉽고 흙덮기가 어려워 싹이 지표면에 올라오게 되므로 뿌리내림이 늦어진다. 또한 얇게 덮으면 건조하게 되어 감자싹의 자람이 늦어진다.

그러므로 모판흙을 덮은 다음 미지근한 물을 뿌려주고 PE필름터널을 만들어 보온을 해야 하며, 야간에는 기온이 낮아지므로 필름 위에 거적을 덮어 상 내의 온도가

5℃ 이하로 떨어지지 않도록 한다. 낮에는 상 내의 온도가 30℃ 이상 올라가면 잠시 PE필름을 걷어 환기시켜서 18~25℃가 되도록 유지하는 것이 가장 좋다.

마. 아주심기

(1) 아주심는 시기

남부 지방은 12월 상순부터 1월 중순경 아주심는데, 재배 지역에 따라 온화한 곳에서는 일찍 심을수록 좋다. 아주심을 때 알맞은 감자싹의 길이는 3~5cm이며 뿌리의 발달이 충분해야 아주심은 후 뿌리내림이 좋고 초기 생육이 왕성하다. 싹틔움상에서 너무 오랫동안 키워 잎이 전개된 모는 뿌리내림이 늦으므로 되도록 잎이 전개되기 직전에 아주심는 것이 바람직하다.

(2) 아주심는 방법

감자밭은 아주심기 하루 전이나 당일에 땅고르기를 하고 이랑을 만들어 아주심는 것이 좋다. 아주심기 오래 전에 이랑을 만들면 토양이 건조되어 아주심은 후 토양 수분 부족으로 뿌리내림이 좋지 않다. 싹틔움상에서 감자묘를 채취할 때에는 채취 하루 전 또는 2~3시간 전에 충분히 물을 주어 감자묘 채취 시 뿌리가 끊어지는 것을 방지한다. 밭이 먼 곳에 있을 경우에는 아주심기 하루 전 오후 또는 아주심기 당일 이른 아침에 감자묘를 채취하여 용기에 차곡차곡 쌓아 싹이 손상되지 않게 하고 거적을 덮어 싹과 뿌리가 마르거나 얼지 않게 운반하여 아주심는다.

아주심기에는 폭이 좁은 이랑에 1줄로 심는 방법과 넓은 이랑에 2줄로 심는 방법이 있는데, 좁은 폭에 1열로 심으면 토양 용적이 적어 건조되기 쉬우며 밤의 최저 기온도 낮아지므로 감자 생육과 수량 면에서 넓은 폭에 2열로 심는 것이 유리하다. 아주심는 방법은 봄감자 PE필름 피복재배와 비슷하다.

이랑폭은 60~75cm로 하고 2골 놓는 폭은 40~50cm로 하며, 주간거리는 20cm 정도로 노지보다 약간 빽빽하게 심는다. 비료량은 1,000m²당 질소 10kg, 인산 8.8kg, 칼륨 13kg을 주며 퇴비는 2t 정도를 넣는다. 아주심기는 감자싹이 완전히 묻히도록 10~12cm 두께로 흙덮기를 하고 두둑을 잘 고른 다음 0.02~0.03mm 두께의 투명 PE필름으로 땅에 밀착하도록 팽팽하게 피복을 한다. 그리고 동해를 받지 않도록 필름으로 터널을 만들어 보온을 해야 한다.

감자싹이 올라올 무렵에는 감자싹이 올라오는 부분의 필름에 구멍을 뚫어주어야 하는데 작업의 간편화를 위해서 필름멀칭을 먼저하고 구멍을 뚫고 씨감자를 심어도 된다. 필름이 느슨하면 잡초 발생이 많고 감자싹이 올라온 후 필름이 움직여 싹에 상처를 주는 경우도 있다. 흑색필름은 잡초방제 효과는 있으나 지온 상승면에서 투명 필름보다 불리하다.

(3) 아주심은 후 관리
아주심은 후 1주일 정도 지나면 감자싹이 지표면에 올라오는데 이 무렵 싹 부분의 필름에 구멍을 뚫어 싹 끝이 고온 피해를 입지 않도록 해야 한다. 또한 감자싹이 나오면 필름의 절개된 부분으로 잡초가 올라오는 것을 막고, 온도 유지, 수분 보존을 위하여 절개된 부분을 흙으로 덮어주는 것이 좋다.

병해충 방제

겨울시설재배 시 피해가 큰 병은 역병이다. 역병균은 균사상태로 씨감자에서 월동하여 다음해 제1차 감염원이 되고, 제2차 전염은 병반부에 형성된 분생포자*에 의하여 공기 또는 수매 전염을 한다. 병원균의 최저 발육 온도는 10~13℃ 최적 온도는 23℃이며, 온도가 낮고 습도가 높을 때 발생 및 감염이 잘된다.

역병은 발생한 후에는 방제가 어려우므로 발생 예찰에 힘써야 하는데 비교적 저온이고 공기 중에 습도가 높을 때(특히 비 온 후)는 미리 방제용 약제를 살포하여 예방해야 한다.

검은무늬썩음병도 자주 발생하는 병이며 일반적으로 토양 습도가 높고 저온일 때 발병이 많다. 방제 방법은 과습 토양을 피하고 감자를 심을 때 지온이 한랭하지 않도록 시설 내 온도를 높여야 한다. 씨감자를 심기 전 산광싹틔우기를 해서 심으면 병 발생을 줄일 수 있으며, 플로디옥소닐액상수화제, 톨클로포스메틸 분제, 톨클로포스메틸 수화제, 발리다마이신에이 분제, 메프로닐 수화제 등을 씨감자에 처리하여 방지할 수 있다.

수확 시기

겨울시설재배는 주로 12월에 파종하여 4~5월에 수확을 한다. 4월 하순부터 수확이 가능한 신품종으로는 새봉, 방울, 홍선, 진선이 있으며, 5월 상순부터는 하령, 고운, 서홍, 홍영, 5월 중순부터는 자영을 수확할 수 있다. 일부 품종은 수확 시기가 늦어지면 2차 생장하는 괴경이 많아지거나 감자가 굵어져서 트랙터로 수확할 때 괴경 터짐 증상이 발생하기도 한다.

Tip
분생포자*
균류(菌類)에서 볼 수 있는 무성 포자의 하나

감자시설재배 효과와 전망

남부 지방의 감자시설재배는 1980년대부터 시작되어 1987년까지는 농가 소득 300만 원
/10a대를 이루었으나 감자 재배 면적이 증가하면서 가격이 하락하여 최근에는 260만 원
/10a 정도를 유지하고 있다.

따라서 시장성이 있는 품종의 개발, 경영비 절감 등으로 높은 소득을 유지해야 한다.

〈표 7-1〉 겨울감자시설재배 소득분석(2010~2014년 평균)

구분	경영비	소득	소득률(%)
겨울시설재배	2,329천 원	2,616천 원	53
봄재배	966천 원	1,034천 원	52

※ 소득률 : (소득/조수입)X100

05 기계화 생력재배

감자재배가 많이 이루어지는 외국에서는 오래 전부터 감자 심기에서 수확, 선별까지의 작업을 기계화하였으나 우리나라는 재배 규모가 작고 기반 조성이 취약하여 일반 밭작물과 같이 기계화를 이루지 못하고 있는 실정이다. 따라서 현재 우리나라에서 감자재배에 소요되는 노력시간은 10a당 78시간이나 미국의 경우 기계화에 의한 생력재배 시 20시간으로 우리의 1/4밖에 소요되지 않는 것을 볼 때 농촌 노동력 감소라는 현재의 상황에서 기계화가 얼마나 중요한 것인지 보여준다.

우리나라에서 기계화에 의한 생력재배를 이루기 위해서는 모든 재배 방식이 기계화에 적절하게 변해야 하지만 무엇보다 중요한 것은 첫째, 감자재배의 단지화가 이루어져야 하고, 둘째, 공동 작업 체계를 확립함으로써 기계의 이용 효율을 높일 수 있어야 한다.

기종에 있어서도 외국에서 이용되는 대면적재배 위주의 기계는 배제하고 우리의 실정에 맞는 소형 또는 중형기계의 개발보급이 시급한 실정이다. 이를테면 경운기보다는 트랙터에 부착하여 사용할 수 있고 한가지 목적보다는 다용도로 쓸 수 있는 기계가 우리나라에 유리하다고 할 수 있다.
우리나라의 감자재배에서 기계화 생력재배가 필요한 과정

은 밭갈기(경운), 땅고르기, 감자 심기, 씌우기(멀칭), 수확, 운반 및 선별 등을 들 수 있다. 따라서 기계화 표준재배 기술체계 확립을 위한 작업단계별 기계화 재배 기술에 대해 살펴보기로 하겠다.

밭갈기(경운)

경운기나 트랙터가 보급되기 전까지는 주로 축력을 이용하여 경운작업이 이루어졌는데 그때는 경운 깊이도 낮고 작업능률도 매우 낮았다. 오늘날에는 트랙터 보급으로 경운 깊이가 25~30cm까지도 가능해 작물의 수량도 크게 증가되었음은 물론 고도의 생력재배가 이루어지게 되었다. 지하의 덩이줄기에 저장 양분을 축적하는 감자는 경운 깊이가 깊을수록 투수성이 좋아져 과습 피해가 감소하고 토양 내 저장 양분이 풍부하여 수량이 증가한다.

농기계에 의한 경운 작업은 쟁기의 능률과 재배지 구획에 따라서 능률에 차이가 있으나 일반적으로 50마력 트랙터를 이용할 때 작업 효율은 80% 정도이다. 트랙터의 작업 속도가 1초당 1.5m라면 시간당 35a(1,050평) 경운이 가능하고, 1ha 경운시간은 2.9시간이 소요된다.

흙 부수기(쇄토, 碎土)

흙 부수기(쇄토) 작업은 경운 후에 실시하는데 현재 우리나라에서 이용되고 있는 농기계는 트랙터, 경운기, 관리기 등에 로타리를 부착하여 이용하고 있다. 기종에 따라서 작업 능률 및 쇄토 정도가 차이가 있는데 트랙터를 이용한 흙 부수기 작업이 가장 효율성이 높고 정교하다. 일반적으로 흙 부수기 작업은 1~2회 실시하는데 흙이 부드러운 경우는 1회로 끝내고 점질토양은 2회 정도 실시해야 한다. 로터리 작업 능률은 1회 실시의 경우 작업 속도가 1초에 1.5m일 때 시간당 56a 정도이다. 흙 부수기 정도는 로터리 회전 수, 트랙터의 작업 속도에 따라 달라지므로 그에 맞게 조절해야 한다.

비료 주기(시비) 및 감자 심기(파종)

기계화 재배가 발달한 외국에서는 감자 심는 시기에 비료 주는 기구를 부착하여 감자 심기와 동시에 비료 주기가 이루어지는 경우가 많다.

우리나라는 경지 면적이 좁고 소면적으로 재배되고 있기 때문에 외국에서 사용되고 있는 기계들은 우리 여건에 맞지 않아 씨감자 심는 작업을 인력에 의존하여 왔으나 최근에는 국내에서 감자 심는 기계(파종기)가 개발되어 기계로 심는 경우가 늘어나고 있다. 기계로 심을 때에는 땅을 고른 상태에서 감자 심기와 동시에 흙덮기까지 이루어지므로 노력 절감 효과가 매우 크다.

최근에는 씨감자 절단과 파종을 동시에 하는 자동절단기도 개발되었다. 60~90g 크기의 씨감자를 자동으로 2절로 잘라 심는 방식이며, 평평한 두둑에 두줄로 씨감자를 심는 방식이다. 또 업체별로 다양한 감자파종기가 개발되어 있으므로 농가의 현실에 맞추어 이용할 수 있다.

감자를 기계파종할 때에는 흙을 곱게 부수어 만든 평평한 밭에 씨감자를 떨어뜨려주고 흙을 덮어주는 방식이 일반적이다. 이 때 두둑 폭은 75cm, 두둑 내에서 감자 줄 사이는 30cm, 줄 내에서 씨감자 사이는 품종 및 용도에 따라 다르지만 일반 식용 수미는 25~30cm로 심는다. 칩가공용 품종은 좀더 좁게 심는 것이 좋으며, 대부분의 파종기들이 심는 간격을 조정할 수 있게 되어 있으므로 감자를 심는 목적에 따라 조정하여

사용한다. 고랑폭은 트랙터 바퀴폭에 따라 달라
지지만 35~45cm 정도로 하면 싹이 올라온 후
북주기도 쉽고 수확 작업도 편리하게 할 수 있다.

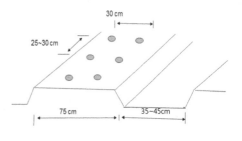

제초제 살포
감자를 심고 나면 전면적으로 발아억제용
제초제를 살포하는 것이 효과적이다.

〈그림 7-6〉 감자 기계파종 시 재배 양식

제초제 살포는 수동식 및 동력분무기를 이용하고 있다. 동력분무기는 압력이 높아
분무 입자가 가늘고 멀리 퍼지므로 수동식 분무기보다 성능이 우수하고 효과적이
다. 제초제를 살포하고 난 직후에는 호스 또는 노즐에 남아있는 약제를 맑은 물로
씻어내 다른 약제 살포 시 약해가 발생하지 않도록 해야 한다.

북주기
감자는 심은 후 싹이 올라오면 2회 정도 북주기를 하는데 우리나라에서는 주로 고
랭지 여름재배와 가을재배 때에 실시한다. 평난지 봄재배와 같이 PE 멀칭재배는 파
종 후 PE 멀칭을 하고 생육 중 북주기 작업을 하지 않는다. 과거에는 북주기 작업에
주로 축력을 이용하였으나 최근에는 북주는 기계에 의해 작업이 이루어지고 있다.

병해충 방제
병해충 방제는 주로 동력분무기를 이용하고 있으므로 작업능률도 높고 효과적인 방
제가 이루어진다. 그러나 압력을 높여 분무입자가 미세해야 잎의 뒷면까지 약의 침
투가 가능하다. 특히 씨감자 생산 지역에서는 연간 6~8회 살포해야 하므로 방제 노
력의 소모가 많다. 방제작업은 마을 단위 혹은 재배지 단위로 공동 작업을 실시하는
것이 효과적이다.

수확
감자 수확기는 최근에 경운기 및 트랙터 부착용으로 외국산과 국산이 나와 있다. 수
확기를 이용하면 수확 작업이 짧은 기간에 이루어지므로 수확 노력의 절감은 물론 작

업의 안정성을 높일 수 있다. 특히 봄감자의 수확 시기는 농촌 노동력이 많이 부족하고 장마기가 시작되는 시기이므로 빠른 시일 안에 수확을 끝내기 위해서는 기계 수확이 절실하다. 현재 우리나라에서 일부 이용되고 있는 수확기는 1조식 및 2조식이 있는데 경운기와 트랙터 부착용에 비해서 동력이 약하여 흙의 털림이 좋지 않으므로 트랙터 부착용을 사용하는 것이 편리하다.

외국에서 사용되고 있는 수확기는 수확과 수집 작업이 동시에 이루어지므로 작업 능률이 높으나 우리나라는 경지 규모와 재배 면적에서 이용상 문제가 있다. 따라서 수확은 기계에 의해서 가능하나 수집은 인력에 의존하고 있다.

인력으로 수확할 때는 농기구에 의해서 감자가 상처를 입을 경우 운반이나 저장 중에 부패의 위험성이 크고 소비 과정에서도 손실이 크다. 특히 감자의 가공산업이 발달되면서 가공원료의 수요가 늘어나고 있는데, 가공원료로 이용되는 감자는 수확기를 이용하여 수확해야 농기구에 의한 상처를 방지할 수 있어 가공 시 껍질을 벗기는 손실을 줄일 수 있다.

선별

감자는 수확 후 크기별로 분류하여 출하해야 높은 가격을 받을 수 있는데 우리나라는 아직까지 육안 선별을 주로 하고 있고 선별기를 이용한 선별도 이루어지고 있다. 덩이줄기의 크기별 분류 및 포장재의 규격화를 위해서는 선별기를 이용한 선별 작업이 이루어져야 하는데 우리나라는 아직까지 선별기 이용이 불충분한 상태이다.

제7장 가꿈꼴(작형)별 재배 기술

▶ 우리나라의 봄감자 재배 면적은 해마다 약간 차이가 있으나 총 재배 면적의 약 60%를 차지하고 있다.

▶ 씨감자를 심는 시기는 2월 중하순(남부 지방)~4월 상순(중부 중산간 지방)까지로 감자를 심는 기간이 길고, 수확 기간도 5월 하순부터 7월 중순까지 분포되어 있다.

▶ 중부 지방의 경우 6월 하순부터 시작되는 장마에 수확을 하려면 싹틔워 아주심은 후 PE필름 피복재배가 안전하고, 남부 해안 및 도서 지방에서는 심는 시기가 빠르고 생육 초기(4월 상순 출현 후)에 늦서리 피해가 우려되어 직파 후 PE필름 멀칭재배가 안전하다.

▶ 직파 PE필름 피복재배 : 씨감자를 싹틔움상에서 기르지 않고 본밭에 직접 심고 PE필름을 덮어 재배하는 것은 싹틔움재배와 심는 방법이 동일하고 다만 싹을 틔우지 않는 대신 산광 싹틔우기를 하여 심는 것이 다르다.

▶ 일반재배 : 얼었던 흙이 녹으면 밭을 갈고 흙을 고르게 해준 뒤 밭고랑에 감자를 놓고 흙을 덮어주거나 이랑을 만들고 PE필름 멀칭을 한 후 필름에 구멍을 뚫고 감자를 심는다.

▶ 우리나라의 가을감자 재배 면적은 약 3,000~5,300ha로서 전체의 15~19% 정도이다.

▶ 가을감자재배에 있어서 싹의 출현율만 충분히 확보한다면 다른 어느 가꿈꼴(작형)보다도 농가소득 증대면에서 유리하다고 할 수 있다.

▶ 가을감자는 싹틔움재배와 직파재배의 심는 시기가 거의 같다.

▶ 여름재배는 주로 고랭지에서 이루어지며 보통 4월 중~5월 상순에 심어서 9월 상순~10월 상순에 수확하므로 재배 기간이 비교적 길다.

▶ 여름에는 일조량이 부족하여 잎줄기가 웃자라는 경우가 많고 감자역병이 발생하여 수량이 감소하기도 한다.

▶ 겨울시설재배가 이루어지고 있는 원인은 첫째로 재배가 용이하고, 단기간에 출하함으로써 높은 소득을 올릴 수 있기 때문이다.

▶ 우리나라는 감자 재배 규모가 작고 기반조성이 취약하여 기계화를 이루지 못하고 있는 실정이다.

제8장
씨감자
생산재배

감자는 덩이줄기를 이용해서 영양번식을 하는데 일반적인 재배로 생산된 덩이줄
기는 씨감자로 이용하는 과정에서 퇴화가 진전되어 수량과 품질이 크게 떨어질 수
있다. 따라서 감자재배 시 퇴화되지 않은 우량 씨감자를 사용하는 것이 중요하다.
채종재배의 필요성과 씨감자 생산체계, 생산기술 등을 살펴본다.

1. 채종재배의 필요성

2. 채종재배 환경

3. 씨감자 생산체계와 민영화

4. 씨감자 생산기술

5. 조직배양

6. 기내소괴경 생산

7. 수경재배에 의한 씨감자 생산

01 채종재배의 필요성

감자는 다른 가짓과 식물과 마찬가지로 개화, 수정, 결실의 과정을 거쳐 종자를 생성한다. 그러나 생산된 씨앗(종자)은 개체마다 형질이 달라서 재배상 씨앗(종자)으로 이용할 수 없으므로 덩이줄기를 이용해 영양번식을 하고 있다.

영양체인 덩이줄기는 각종 병원균이나 토양 해충 등에 의해 쉽게 피해를 받으며 특히 일반재배로 생산된 덩이줄기는 씨감자로 이용하는 과정에서 퇴화가 진전되어 수량과 품질이 크게 떨어질 수 있다. 씨감자의 퇴화는 병리적 퇴화와 생리적 퇴화로 구분할 수 있다.

병리적 퇴화는 바이러스병, 세균병, 곰팡이병 등에 의해 씨감자가 퇴화되는 것을 말한다. 특히 바이러스는 매개충에 의한 접촉 및 즙액에 의한 전염 등 전염 경로가 다양하고 전염 속도가 빨라서 씨감자의 퇴화를 급속히 진행시킨다. 따라서 씨감자 생산 과정에서 바이러스 퇴치에 각별한 노력을 기울여야 한다.

생리적 퇴화는 씨감자를 수확한 후 저장하는 동안에 주로 발생하는데 호흡작용에 의하여 감자 내부의 양분이나 수분이 소모되어 씨감자가 생리적으로 노쇠하여 활력을 잃는 것을 말한다. 이렇게 퇴화된 씨감자를 이용하여 재배하면 90% 이상까지 수량이 감소하기도 한다. 따라서 감자재배 시 퇴화되지 않은 우량 씨감자를 사용하는 것이 중요한데 우리나라는 '하계 주요작물종자 생산·공급 계획'에 의거하여 매년 일정량의 씨감자를 갱신하여 농가에 보급하고 있다.

02 채종재배 환경

우리나라는 기후 특성상 노지 상태에서는 여름재배가 가능한 고랭지에서 기본식물-원원종-원종-보급종의 4단계 생산체계로 씨감자를 생산하고 있다. 중남부 지역에서 씨감자를 생산할 경우에는 기본식물-원원종(겨울시설재배)-원종(가을재배)-보급종의 생산체계로 생산하면 된다.

〈표 8-1〉 중남부 지역 씨감자 생산체계

생산체계	기본식물	원원종	원종	보급종
기존(4년)	여름재배(고랭지)	여름재배(고랭지)	여름재배(고랭지)	여름재배(고랭지)
중남부 지역 생산(3년)	여름재배(고랭지)	겨울시설재배 (중남부 지역)	가을재배 (중남부 지역)	여름재배(고랭지)

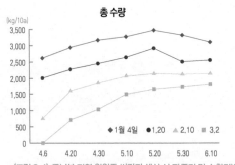
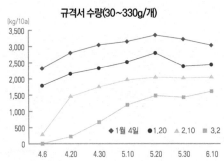

〈그림 8-1〉 중남부 지역 원원종 씨감자 생산 시 파종기 및 수확기별 수량('14~'15)

※ 겨울시설재배(2중하우스 수막재배), 품종명 : 수미

중남부 지역에서 원원종 생산을 위한 겨울시설재배는 1월 상순부터 중순에 아주심는다. 수확 시기는 아주심은 후 120~130일경, 5월 상순부터 중순에 수확한다.

씨감자를 생산하는 지역으로는 14~23℃의 온도 범위와 유기질함량이 많으며, 물 빠짐이 잘되는 참흙 또는 모래참흙으로서 토양 pH가 5.5~6.5 정도인 약산성 토양이 좋다. 또한 씨감자의 병리적 퇴화를 일으키는 매개 진딧물 발생이 적은 고랭지나 해안 지대가 적합하다.

대관령을 중심으로 한 고랭지는 8월의 평균기온이 20℃ 이하로서 바이러스를 매개하는 진딧물이 날아오는 양(비래량)이 평난지보다 적고 바이러스 기주식물의 분포가 적기 때문에 바이러스에 의한 병리적 퇴화를 최소화할 수 있다. 또한 고랭지에서는 여름재배를 하여 9~10월에 수확하므로 낮은 온도에서 짧은 기간 저장하게 되어 씨감자의 노화 정도가 적어 생리적인 퇴화도 적다.

평난지에서 채종한 씨감자를 재배하면 고랭지에서 채종한 씨감자를 재배했을 때보다 감자 수량이 30~50% 정도, 심한 경우에는 80% 이상 줄어들기 때문에 씨감자는 고랭지와 같이 채종환경이 좋은 곳에서 철저하게 바이러스를 방제하면서 재배하여야 우량 씨감자를 많이 수확할 수 있다.

03 씨감자 생산체계와 민영화

우리나라는 1961년 해발 800m인 강원도 평창군 대관령면 횡계리에 고령지시험장을 설립하면서부터 씨감자 생산 사업을 시작하였다. 초기에는 고령지시험장에서 원원종과 원종을 생산해왔으나, 1969년에 강원도가 주관하는 감자원종장이 설립되면서 이곳에서 원종을 생산하게 되었다. 완전한 씨감자 생산체계(기본종 → 기본식물 → 원원종 → 원종 → 보급종)는 1970년에 이르러 갖춰졌다.

씨감자의 수요 증가와 가을감자의 채종체계 특수성 때문에 가을재배용 씨감자는 1979년부터 원예시험장에서 원

〈표 8-2〉 우리나라의 씨감자 채종단계 및 채종기관(봄감자)

채종단계	채종 기관	채종형태
조직배양	고령지농업연구소	
↓		
기본종	고령지농업연구소(봄, 가을)	수경재배
↓		
기본식물	고령지농업연구소(여름)	망실재배
↓		
원원종	강원도감자종자진흥원 감자원종장(여름)	망실재배
↓		
원종	강원도감자종자진흥원 감자원종장(여름)	망실재배
↓		
보급종	강원도감자종자진흥원(여름)	노지재배
↓		
농가		

원종과 원종을 생산하게 되었고, 종자공급소에서 보급종을 남부 해안 지대에서 생산하여 왔다.

그 후 원예연구소에서 원원종까지 채종하고 종자관리소에서 원종과 보급종을 채종하여 왔으나, 농림수산식품부 정책에 따라 가을재배용 씨감자는 2009년부터 생산이 중단되었으며 봄재배용 씨감자는 2012년부터 강원도에서 생산보급량과 가격을 자율적으로 결정하도록 하였다.

우리나라의 정부 보급종은 강원, 전북, 경북 지역의 고랭지에서 생산되고 있다. 보급종 재배 면적은 약 500ha이며, 강원 고랭지는 보급종 재배 면적의 90% 이상을 차지하고 있는 대표적인 씨감자 채종지이다.

씨감자 소요량을 10a당 150kg으로 보았을 때, 우리나라의 감자 재배 면적 25,602ha(2012~2014년 평균)에 필요한 연간 씨감자 소요량은 38,403톤으로 추정된다. 강원도, 전북, 경북에서 생산하여 공급하고 있는 씨감자는 매년 8,000여 톤으로서 씨감자의 갱신율은 약 21% 정도이다.

〈표 8-3〉 우리나라의 씨감자 공급량과 갱신율

연도	재배 면적(ha)	공급량(톤)*	갱신율(%)
2012	24,930	8,001	21.4
2013	27,430	8,051	19.6
2014	24,447	8,312	22.7
평균	25,602	8,121	21.1

* 강원, 전북(무주), 경북(봉화) 공급 기준

04 씨감자 생산기술

건전 씨감자 생산기술

농가에 공급하는 보급종 씨감자는 바이러스병 등에 걸리지 않은 건전한 상태라야 한다. 건전한 씨감자를 생산하기 위해 조직배양한 감자 줄기로부터 기내소괴경, 수경재배 씨감자 및 경삽소괴경을 생산하고 있다.

즉 감자싹에서 생장점을 0.1~0.3mm 크기로 잘라 시험관 내에서 배양하고 바이러스병을 검정하여 건전한 개체만을 증식하여 기내소괴경을 생산하거나 온실 내에서 수경재배 또는 경삽재배하여 소괴경을 생산한다.

기내소괴경은 계절에 관계없이 연중 생산할 수 있지만 크기가 작아(0.5 ~1.0g) 토양에서 한 번 증식해야 수경재배 씨감자 또는 경삽소괴경과 비슷한 크기가 된다. 수경재배 씨감자와 경삽소괴경은 조직배양한 어린 줄기를 수경재배하거나 토양 또는 영양배지에 삽목하여 생산하며 기내소괴경보다 크기가 커서(5~30g) 토양 증식 횟수를 줄일수 있다. 그러므로 소괴경 생산에 이용되는 조직배양 어린 줄기가 건전주임을 확인한 후 증식해야 건전한 씨감자 생산이 가능하다.

씨감자 생산방법별 비교

기내소괴경은 좁은 공간에서 연중 생산할 수 있으며 크기가 작아 저장과 수송이 간편하지만, 생산비가 비싸고 대면적 재배 시 출현율 확보와 관리가 어렵다. 수경재배 씨감자는 온실이나 비닐하우스 같은 시설에서 대량 생산이 가능하나, 분무경 등의 순수 수경방식은 정전 시 치명적인 피해를 받을 수 있고 계절과 품종에 따라 생산성의 차이가 크다.

경삽에 의한 소괴경 생산방법은 생산비가 적게 들고 간편하며 안정적이나, 생산성이 낮고 작업도구를 세밀하게 소독하지 않으면 병원균에 전염되기 쉽다. 씨감자의 채종 환경이 좋은 국가에서는 소량의 소괴경이 요구되므로 경삽소괴경을 이용하고 있다.

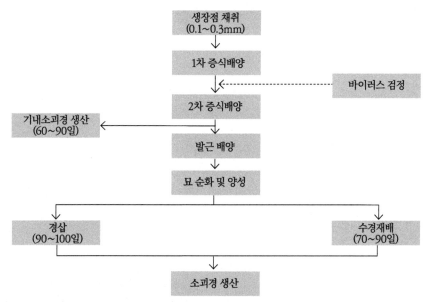

〈그림 8-2〉 조직배양에 의한 씨감자 생산체계

구분	기내소괴경	수경재배소괴경	경삽소괴경
생산수단	용기 내 생산	시설 내 생산	시설 내 생산
생산기간	60~90일	70~90일	90~100일
생산시기	연중생산	봄, 가을	봄, 가을
생산성	1~2개/줄기	20~50개/주	3~5개/주
저장성	나쁨	좋음	좋음
시설 규모	소면적	중간	대면적
묘 확보	간편	간편	복잡

Tip

PVS(감자S 바이러스)*
감자에 바이러스병을 일으키
는 RNA 바이러스의 한 종류

05 조직배양

씨감자 생산에 이용하는 조직배양은 두 단계로 구분된다. 먼저 생장점배양단계에서는 바이러스를 제거하고 무병식물체를 만들어낸다. 그 다음 증식배양단계에서는 기내소괴경이나 수경재배 씨감자를 생산하기 위해 무병식물체를 대량으로 증식한다.

바이러스 제거

생장점은 겨드랑눈(액아)이나 감자싹의 끝부분처럼 다른 부위에 비해 활력적으로 생장하는 부분으로서, 진정한 의미에서 생장점에는 어떠한 병원균도 존재하지 않는다. 하지만 실제로는 엽원기를 포함한 절편체를 이용하는 경우가 많은데, 절편체의 크기가 작을수록 바이러스에 감염되어 있을 확률이 낮다. 따라서 생장점을 분리하여 배양하면 바이러스를 제거하는 데 효과적이며 무병식물체를 생산할 수 있다.

가. 열처리

겨드랑눈(액아)이나 감자싹의 정단부에서 생장점을 분리하며, 이때 열처리를 하면 정단부의 바이러스 밀도를 감소시키는 데 효과적이다.

열처리는 35~38℃의 온도로 5~10주간 처리한다. 감자잎말림바이러스(PLRV)는 열에 약하기 때문에 열처리만으로도 바이러스를 제거하는 데 효과가 크지만, PVY나 PVS®는 열처리보다 생장점 배양을 할 때 절편체 크기를 작게 하는 것이 중요하다. 열처리는 한 종류 이상의 바이러스가 존재하여 일시에 제거하기 어려울 경우에 효과적이다.

나. 생장점 배양

(1) 배양재료 준비

품종 고유의 특성을 지닌 감자를 선택하여 표면을 깨끗이 세척한 후 20% 클로락스에 10분간 살균한다. 물기가 마르면 가제로 감자를 덮은 후 투명 플라스틱 용기에 넣고 용기 전면을 신문지로 싸서 치상하거나 겨드랑눈(액아)이 있는 감자절편을 배양토에 파종하여 싹을 틔운다. 배양실은 온도 20~30℃, 일장 16시간(800lux)의 조건이 되도록 한다.

(2) 생장점 배양배지

MS Powder 4.4~10.4g과 Sucrose 15~30g을 증류수 1L에 녹인 후 pH 5.8로 맞추어 시험관에 10mL씩 분주하여 고압 멸균한다. 고압 멸균 후 필요에 따라 GA_3, Kinetin, IAA 등의 생장조정제를 첨가한다. GA_3 50mg을 70% 알코올에 녹인 후 증류수를 첨가하여 500mL로 하면 GA_3 100ppm 용액이 된다.

Kinetin은 0.5N HCl 2mL에 50mg의 Kinetin을 녹인 후 따뜻한 물(30℃)을 가하여 500mL로 하면 100ppm 용액이 된다. GA_3 0.1ppm과 Kinetin 0.1~0.2ppm이 되도록 희석한 후 여과필터로 살균하여 배지[•]에 첨가한다.

(3) 생장점 배양방법

감자싹을 1~2cm 길이로 채취하여 70% 에틸알코올에 20~30초간 표면 살균한 후 20% 클로락스 용액에 5분간 침지하거나, 2.5% Calcium Hypochlorite 용액에 10분간 담가(침지) 살균하고 살균 후에는 멸균수로 3~4회 세척한다. 살균이 끝난 눈을 침으로 고정시킨 후에 실체해

Tip

배지[•]
세균을 인공적으로 증식시키기 위해 필요한 영양소를 함유하는 증식환경

부현미경 20~50배하에서 돔(Dome) 모양의 생장점과 두 개의 엽원기만을 남기고 생장점 주변의 소엽들을 제거한 후 생장점을 0.2~0.5mm 크기로 절제하여 배지에 치상한다. 배양 조건은 일장 16시간, 광도 1,000~1,500lux(초기 2주간은 500lux), 온도 23±1℃이며 식물체가 3~5cm 길이로 자라면 신초증식배양에 이용한다.

신초증식배양

생장점 배양 후 초대배양은 고체배지를 이용하여 배양하는 것이 보통이며 3회 정도 배양한 후에는 액체배양하여 증식한다. 액체배양을 계속하면 식물체가 약해지고 투명화 현상이 발생하므로 2~3회 액체배양한 후에는 고체배양으로 전환하거나 또는 고체배지에서 생산된 새로운 묘를 이용하여 액체배양을 하는 것이 바람직하다.

가. 배지조제

고체배지는 MS Powder 4.4g과 Sucrose 15g을 증류수 1L에 녹인 후 1N NaOH나 1N HCl을 이용하여 pH를 5.8로 맞추고 여기에 Agar 7g을 넣고 가열하여 충분히 녹인다. 배지의 색깔이 투명해지면 시험관이나 500mL 플라스크에 각각 10mL, 100mL씩 분주하여 고압 멸균한다. 액체배지는 MS Powder 5.2g과 Sucrose 15g을 증류수 1L에 녹인 후 pH 5.8로 맞추어 플라스크 용량에 맞도록 적당량씩 분주하여 고압 멸균한다.

나. 생장조정제의 용해, 멸균, 저장

신초증식배양 시 생장조정제를 첨가하지 않으나 필요에 따라 GA$_3$(0.1~0.5mg/L)나 NAA(0.01mL/L)를 첨가하면 줄기 신장이 촉진되며 BA(0.5mg/L)나 Calcium Pantothenic Acid(2.0mg/L)를 첨가하여 줄기 신장을 촉진하기도 한다. 뿌리내림(발근)을 목적으로 할 때는 IAA(0.1mg/L)를 첨가하면 효과적이다.

다. 배양방법

초대배양은 고형배지가 들어 있는 300~500mL 배양용기에 신초의 선단부를 제거하고 난 3~4절의 식물체를 용기당 3~4본씩 가로(횡)로 치상한다. 치상 후 4~5주 정도면 증식배양에 적당한 크기로 줄기가 신장하는데 끝눈(정아) 부분은 고체배지에서 계대배양을 하며 끝눈(정아) 아래의 측아들은 액체 증식배양이나 고체 덩이줄기 형성 배양에 이용한다. 증식배양은 액체배지가 들어 있는 용기에 3~4개씩 가로로 치상한다. 치상 2~3주 후면 증식배양에 적합한 크기로 줄기가 다시 신장하며 위와 같은 증식배양을 2~3회 실시한다. 신초증식배양 시 온도는 22~25℃, 광도 2,000~5,000lux, 일장 16시간, 상대습도 60~70%를 유지한다.

06 기내소괴경 생산

기내에서 증식된 감자 줄기로부터 콩알만한 크기의 덩이줄기(Micro Tuber)가 생산되는데, 이를 기내소괴경이라 한다. 기내소괴경은 기내에서 증식된 어린 감자 줄기로부터 직접 기내에서 생산되기 때문에 무병 씨감자의 생산이 가능하다.

기내소괴경의 유기방법

기내소괴경의 유기를 위한 배지 조성은 신초증식을 위한 고체배지와 같으며 여기에 BA 1~5mg/L이나 CCC 100~500mg/L을 첨가하기도 한다. 배양용기당 50~60mL의 배지를 넣고 10개 정도의 마디를 치상한다. 치상 후 2~3주간은 1,500lux 정도의 광과 16시간 일장으로 명배양을 하여 식물체가 잘 자라도록 하고, 이후 4~8주간은 암배양하여 덩이줄기 형성을 유도한다.

기내소괴경 생산에 영향을 주는 요인

가. 배양온도와 광도

기내소괴경 형성에는 18~20℃의 배양 온도, 암조건 또는 단일(8시간), 저광도(100~500lux)가 적합하다. 일반적으로 대부분의 품종은 완전한 암조건보다는 8시간의 단일 하에서 기내소괴경 형성이 잘된다.

나. 일장

감자는 장일이고 야간 기온이 높으며 질소가 많은 조건에서 잎줄기의 생육이 촉진되는 반면, 단일과 야간 저온에서는 덩이줄기의 형성이 촉진된다. 덩이줄기의 형성을 유도하는 데 필요한 단일 조건으로는 9시간의 일장처리를 21회 이상 실시하면 된다. 그러나 품종의 조만성에 따라 한계일장이 다르므로 이를 고려하여야 한다.

다. 생장조정제

배지에 GA$_3$와 Kinetin을 첨가하면 감자 줄기를 급속증식하거나 기내소괴경의 형성을 증진하는 데 효과가 있다. 남작, 수미, 조풍 등의 액체배양에서는 GA$_3$ 0.05mg/L+Kinetin 1.0mg/L, 고체배양에서는 GA$_3$ 0.1mg/L+Kinetin 1.0mg/L를 배지에 첨가할 때 신초 활력이 가장 왕성하고 기내소괴경도 가장 많이 생산된다. 배지에 CCC를 첨가하여도 기내소괴경의 형성이 촉진되지만 일반적으로 생장조정제는 이용하지 않고 Sucrose의 농도를 6~8% 정도로 다소 높이는 것이 효과적이다.

기내소괴경의 재배 기술

가. 기내소괴경 수확 및 저장

조직배양 어린 줄기를 치상한 후 60~90일이 되면 기내소괴경의 수확이 가능하다. 배양용기에서 기내소괴경을 꺼내어 0.5% 차염소산나트륨에 담가 소독한 후 멸균수로 2~3회 씻어준다. 기내소괴경은 조직이 연하여 부패하기 쉬우므로 수확 및 소독 후에는 500~2,000lux의 산광 하에서 2주간 녹화시켜 저장 중 부패나 병원균의 침입을 막고 표피를 경화시킨다.

품종에 따라 휴면 정도가 다르고 수확이 연중 이루어질 수 있으므로 품종이나 수확 시기별로 저장 온도를 달리하여 심는 시기에 휴면이 타파되어 적절한 생리적 서령에 도달하도록 한다. 수확 후 단기간 저장할 경우는 산광 하에서 고온(18~23℃)에 저장하여 빨리 휴면을 타파시킨다. 장기간 저장할 경우는 저온(4~5℃)에 저장하는데, 습도가 낮으면 기내소괴경이 건조될 우려가 있고 너무 높으면 부패할 우려가 있으므로 70~80%의 습도를 유지한다. 저온 저장을 하더라도 너무 장기간 저장하면 자연적으로 휴면이 타파되어 맹아가 발생하므로 산광 하에서 맹아를 튼튼하게 한 후 심는다.

나. 산광싹틔우기

기내소괴경은 심기 전에 저장고에서 꺼내어 일정 기간 산광 하에서 싹을 틔워 심으면 검은무늬썩음병 예방에 도움이 되고 초기 생육이 촉진되는데, 이를 산광싹틔우기라 한다. 산광싹틔우기는 15~20℃ 온도와 80~90% 습도에서 20~35일간 실시하여 감자 싹이 0.5~1cm 정도 자라도록 한다. 휴면이 타파된 경우라도 심기 전에 산광싹틔 우기를 하면 감자싹을 튼튼하게 할 수 있다.

다. 씨감자 심기

기내소괴경을 본포에 직파할 경우 비료량은 일반 감자재배와 동일하게 하며, 심는 (재식) 거리는 일반 감자보다 휴간과 주간을 다소 줄여준다. 넓은 두둑에 2열로 파종 할 때는 휴간(줄간격)을 35~40cm로 하고 주간거리를 15~20cm로 하며, 좁은 두 둑에 1열로 심을 때는 주간을 15~20cm로 한다. 또한 초기 생육을 촉진하거나 잡초 와의 경합을 줄이기 위해 지역에 따라 투명이나 흑색멀칭을 하고 파종한다. 기내소 괴경은 일반 감자보다 크기가 작고 감자싹의 세력이 약하므로 심는 깊이를 2~7cm 정도로 하여 너무 깊게 심지 않도록 한다. 크기가 5mm 이상이면 5~7cm 깊이로 심 는다. 봄재배의 경우 중부 지방은 3월 하순~4월 상순, 남부 지방은 3월 중순~하순 이 심는 적기이다.

가을재배의 경우 중부 지방은 7월 중순~하순에 파종하여 8월 중순에 정식하고, 남 부 지방은 8월 상순~중순에 심어 8월 하순에 정식한다. 봄재배의 경우 초기 생육을 촉진하기 위해서는 PE필름하우스에 심고 생육 중기 이후에 측면의 필름을 걷어 올리 고 진딧물 차단용 망을 치는 것이 유리하다. 가을재배도 비가림 PE필름하우스 측면 에 망을 쳐서 재배하다가 늦가을 기온이 떨어지면 측면의 망 대신 필름을 씌워 재배 함으로써 생육기간을 연장하여 수량을 증가시킬 수 있다.

라. 재배 관리

기내소괴경을 이용할 때 주의할 사항은 심은 후 가뭄으로 인한 출현율 저하와 초기 생육이 부진한 것이다. 출현율과 초기 생육을 증진하기 위해서는 직경 5mm 이상의 크고 휴면이 충분히 타파된 기내소괴경을 이용한다. 또한 생육 초기에 물관리에 주의하는 것이 중요하다. 기내소괴경은 주로 씨감자 생산에 이용하는 것이므로 일반 감자 재배에 비하여 병해충 방제에 특별한 관리가 필요하다.

기내소괴경의 이용실태와 전망

가. 기내소괴경의 이용실태

기내소괴경은 조직배양이라는 특수한 방법을 이용하여 생산된 병이 없는 영양체로서 상위단계의 씨감자 생산에 이용되고 있다. 또한 품종, 계통 등의 유전자원 보존에도 이용되고 있다.

나. 기내소괴경의 이용상 특성

기내소괴경은 좁은 공간에서 연중 생산이 가능하다. 크기가 작아서 저장과 수송 또한 간편하다. 그러나 일반 씨감자보다 생산단가가 비싸고 재배지에 직파하면 출현율이 낮으며 초기 생육이 지연되어 생육기간이 길어진다. 수량도 일반 씨감자의 70% 수준으로 낮으며 상품성이 있는 큰 감자의 생산이 적으므로 기내소괴경을 대규모로 재배하기는 어렵다. 그러므로 기내소괴경은 플러그트레이®에서 모를 길러(육묘) 본포에 옮겨 심거나 물대기(관수)시설이 있는 PE필름하우스에 직파하는 것이 좋다. 여기서 생산된 소괴경을 2~3회 증식하여 씨감자로 보급할 수 있다.

다. 기내소괴경 재배전망

농촌진흥청은 1986년부터 기내소괴경을 이용하여 기본종 씨감자를 생산한 바 있다. 기내소괴경은 일반 씨감자와 비교할 때 생육 초기에 관리가 어렵고 한발 등 불량 환경에 대한 적응력이 약하여 크기가 좀 더 크고 균일한 소괴경의 생산기술이 요구되었다. 수경재배 씨감자는 기내소괴경보다 크기가 크고 생산단가가 저렴하여 1990년대 후반부터 실용화되고 있다.

수경재배에 의한
씨감자 생산

기내소괴경의 낮은 출현율과 초기 생육 부진이라는 최대 단점을 보완하기 위해서는 무엇보다 덩이줄기의 크기를 증대시킬 수 있는 새로운 기술이 필요하였다. 이러한 배경 아래 농촌진흥청 고령지농업시험장은 1992년부터 수경재배를 이용한 씨감자 생산 연구에 착수하였고, 이 기술을 이용하여 1998년부터 씨감자를 생산해오고 있다.

수경재배 씨감자는 시설 내에서 집약적으로 생산되므로 바이러스나 각종 병에 의한 오염을 줄일 수 있고 환경제어를 통한 생육 조절이 가능하다. 또한 그 크기가 5~30g으로 재배지에 직파하여도 출현율과 초기 생육이 좋고 수량 또한 일반 씨감자와 대등하기 때문에 현재는 지자체의 도농업기술원이나 농업기술센터의 씨감자생산 프로그램에서 널리 이용되고 있다.

수경재배 시스템

씨감자 수경재배에 이용되고 있는 시스템으로는 배지경, 담액경, 분무경, 분무수경 등이 있다. 각 시스템별로 생산되는 괴경의 생산성이나 품질이 다르고 시설 유지관리 측면에서 장단점이 있으므로 적절한 시스템을 선택하여 이용하는 것이 바람직하다.

Tip
근권*
식물뿌리 작용이 미치는 범위의 토양

배지경은 배지 내 수분이나 온도와 같은 근권®환경이 비교적 안정적이고 단전 등 돌발상황에 큰 영향을 받지 않는 장점이 있지만 정식이나 수확작업이 번거롭고 배지를 소독하거나 교환해야 하는 번거로움이 있다. 팽연왕겨, 펄라이트, 피트모스, 코코피트, 입상암면 또는 이들을 혼합한 혼합배지가 이용되고 있다. 기내에서 증식한 조직배양묘를 순화하거나 소괴경을 심어서 맹아묘를 생산할 때도 이용되고 있다.

담액경은 단전이나 단수 시 피해가 적고 뿌리내림(발근)이나 초기 생육에 매우 효과적이다. 그러나 물의 소요량이 많고 조류가 발생하기 쉬우며 수매 전염병에 감염되면 피해가 크므로 대규모 시설에는 적합하지 않다. 또한 담액경에서는 괴경의 비대가 불량하여 5~10g 이상의 큰 괴경의 생산이 적으며 괴경의 피목이 쉽게 비대되어 품질이 불량하다. 기내에서 증식한 조직배양묘를 순화하거나 증식하는 데 적합하다.

분무경은 재배조 내에 설치한 노즐을 통해 일정한 간격으로 배양액을 분사해주는 방식이다. 감자묘의 정식, 생육 진단, 소괴경의 수확 및 수확 후 재배조 관리가 편리하지만 뿌리가 재배조 내 공중에 매달려 있기 때문에 단전이나 단수 시에는 치명적인 피해를 입을 수 있다.

분무경과 담액경을 적절히 조합하여 이용하면 괴경의 형성과 비대를 촉진하여 수경재배 씨감자의 생산 효율을 높일 수 있다. 감자묘를 베드로 옮겨 심은 후에는 분무경으로 재배하고, 괴경 형성 무렵에 담액경으로 전환하여 괴경 형성을 촉진시킨다. 이후 다시 분무경으로 전환하여 수확기까지 재배한다.

분무수경(수기경)은 배양액을 분무시키면서 동시에 재배조 내에 일정한 깊이의 배양액을 채워 계속 흐르게 하는 방식이다. 뿌리 하단부는 재배조 내에 있는 배양액에 담긴 상태로 배양액을 흡수하며 뿌리 상단부는 분무되는 배양액과 공중산소를 흡수하는 역할을 한다.

분무수경에 적합한 베드 높이는 15~20cm, 베드 내 배양액의 깊이는 3~5cm이다. 감자묘를 정식한 후부터 소괴경 비대 초기까지만(50~60일간) 분무수경으로 하고 그 이후에는 괴경비대를 촉진시키기 위해 분무경으로 전환한다.

배양액의 조성과 관리

감자는 엽채류나 과채류와 달리 땅속의 괴경을 목적으로 재배하기 때문에 최적의 근권환경을 유지하는 기술이 무엇보다 중요하다. 그러므로 배양액의 조성, 농도, pH, 온도, 용존산소 등을 조절하면 지하부의 근권환경을 인위적으로 제어할 수 있는 장점이 있다.

특히 씨감자 수경재배에서는 잎줄기가 무성해지기 쉬운데 배양액의 조성과 관리를 적절히 조절하면 균형생장을 유도할 수 있다. 감자의 양수분 흡수 특성을 고려하여 씨감자 전용 배양액(감자액)을 새롭게 조성하였는데 감자의 생육단계를 복지생장기와 괴경비대기로 구분하여 다르게 처방하고 있다.

성분	복지생장기	괴경비대기
다량원소(me/L)		
NO_3^-	13.0	13.5
PO_4^{3-}	4.2	4.0
SO_4^{2-}	3.5	4.5
K^+	7.5	8.5
Ca^{2+}	5.5	6.5
Mg^{2+}	3.5	3.0
NH_4^+	1.4	1.3
미량원소(mg/L)		
Fe	3.0	3.0
B	0.5	0.5
Mn	0.5	0.5
Zn	0.05	0.05
Cu	0.02	0.02
Mo	0.01	0.01
EC(dS/m)	1.9~2.0	1.9~2.0
pH	5.5~6.0	5.5~6.0

배양액의 농도(EC)는 배양액에 들어 있는 각종 무기염류의 총 농도로서 계절에 따라 적정하게 관리해야 한다. 고온기에는 증산작용이 왕성하여 수분 요구량이 많으므로 농도를 상대적으로 낮게 관리하여 충분한 수분을 흡수할 수 있도록 한다. 저온기에는 상대적으로 수분 요구량이 적으므로 농도를 다소 높게 하여 수분 흡수를 억제하고 과잉 흡수와 체내 수분 집적에 따른 식물체의 웃자람 현상을 억제한다. 씨감자 수경재배에 적합한 배양액의 농도는 품종과 생육시기에 따라 다르지만 0.6~2.4dS/m로 한다.

〈표 8-6〉 수경재배 씨감자의 최적 배양액 농도

품종	생육단계	배양액 농도(dS/m)			
		봄	여름	가을	겨울
수미 (조생종)	초기	1.0~1.2	1.0~1.2	1.0~1.2	2.0~2.4
	중기	1.0~1.2	1.0~1.2	1.0~1.2	2.0~2.4
	후기	1.0~1.2	1.0~1.2	1.0~1.2	2.0~2.4
자심 (만생종)	초기	0.6~1.2	〈 0.6	0.6~1.2	2.0~2.4
	중기	〈 0.6	〈 0.6	0.6~1.2	2.0~2.4
	후기	〈 0.6	〈 0.6	0.6~1.2	1.2~2.4

씨감자 수경재배 시 배양액의 적정 pH는 5~7로 관리한다. 배양액 공급 초기에는 암모늄태 질소의 흡수로 인하여 pH가 일시적으로 하강하지만 암모늄태 질소가 고갈되고 질산태 질소가 흡수되기 시작하면서 pH는 서서히 상승한다. 그러나 일정한 간격으로 줄어든 배양액만큼 새로운 배양액을 보충해주면 pH의 급격한 상승을 막을 수 있다.

또한 황산, 인산, 질산 등의 산을 이용하거나, 질산암모늄(NH_4NO_3), 인산암모늄[$(NH_4)_3PO_4$], 유안[$(NH_4)_2SO_4$] 등의 비료를 이용하여 pH를 조절한다.

Tip

묘소질●
못자리 일수, 파종량, 못자리의 종류 및 기타 재배 관리에 따라 다르며, 벼의 소출에 크게 영향을 끼친다.

착생●●
다른 생물이나 물체에 붙어서 삶

씨감자 수경재배 시 배양액 또는 근권의 온도는 15~25℃가 되도록 관리한다. 고온기에는 재배조 또는 배양액통 내에 차가운 지하수를 순환시켜 배양액이나 근권의 온도를 20℃ 이하로 유지한다. 저온기에는 정식 초기에만 뿌리내림과 생육 촉진을 위해 배양액의 온도를 20±2℃로 유지하고 복지발생기 이후에는 배양액의 온도를 높이지(가온) 않고 13±2℃로 유지한다.

〈표 8-7〉 수경재배 씨감자의 최적 배양액 온도

품종	생육단계	배양액 온도(℃)	
		저온기	고온기
수미 (조생종)	초기	15~20	15~20
	중기	13~15	15~20
	후기	13~15	15~20
자심 (만생종)	초기	15~20	15~20
	중기	13~15	15~20
	후기	13~15	15~20

수경재배 씨감자 생산에 영향을 미치는 요인

가. 묘 종류

씨감자 수경재배에서 조직배양묘와 소괴경으로부터 싹을 틔운 맹아묘를 이용하고 있다. 조직배양묘는 기내에서 증식된 식물체로서 일정 기간의 순화과정을 거쳐 새 뿌리를 내린 후 바로 정식하거나 또는 순화가 끝난 줄기를 2~3회 경삽하여 이용한다. 조직배양묘는 기내배양을 통해 생산된 최초의 식물체인 만큼 묘소질®이 우수하다. 그러나 다습 및 저광도의 기내에서 배양된 식물체이기 때문에 건조한 고광도의 온실에서 재배하기 위해서는 순화과정이 필요하다. 순화과정에서 스트레스를 받을 수 있으므로 온습도와 광도를 적절하게 조절해야 한다.

수경재배에서 생산되는 괴경 중에 크기가 5g 미만인 소괴경은 재배지에 직파하기가 어렵다. 이러한 소괴경을 무균배지(펄라이트)에 심어서 줄기를 5~10cm 정도 키운 후 모서를 떼어내면 수경재배용으로 옮겨 심을 수 있는데 이를 소괴경 맹아묘라 한다. 소괴경 맹아묘는 조직배양묘보다 1세대를 거쳐 생산된 것으로 순화과정이 필요없고 정식작업이 용이하며 초기 생육이 왕성하다. 소괴경 맹아묘를 이용하면 수량이 조직배양묘와 차이가 없거나(수미·고운·하령) 다소 떨어질 수 있다(자영).

나. 재배환경

씨감자 수경재배 시 온실 안의 기온은 18~23℃로 유지한다. 온도가 너무 높으면 잎줄기가 무성하게 자라고 땅속줄기가 굵고 길게 자라면서 괴경의 형성이 지연되거나 정지된다. 잎과 줄기의 생육에는 21~23℃ 괴경 비대에는 주간 온도 23~24℃ 야간 온도 10~14℃가 적합하다.

감자는 저온단일성 식물이므로 단일 조건이 되면 생육 초기라도 괴경이 형성된다. 그러므로 감자 묘를 심고 약 30일까지는 14시간의 일장이 되도록 백열등이나 형광등으로 일몰 후 또는 일출 전에 보광을 한다. 특히 봄재배는 옮겨 심은 후 단일에 노출되므로 전조재배가 필수적이다. 정식 후 30일 이후부터는 전조를 중단하여 괴경의 착생®®과 비대를 유도한다. 수경재배 씨감자의 생육에는 광이 풍부한 것이 바람직하다. 광이 부족하면 동화작용이 불충분할 뿐 아니라 잎줄기가 웃자라고 조직이 견고하지 못해 병해충에 대한 저항성이 약해진다.

괴경 형성 촉진방법

수경재배 감자는 아주심기 후 30~40일이 지나면 소괴경이 착생되기 시작한다. 그러나 중만생 품종의 경우는 온도가 높거나 배양액의 농도가 높으면 영양생장이 지속되고 소괴경이 형성되지 않는다. 중만생 품종의 소괴경 형성을 촉진하기 위해 저온단일, 배양액의 pH, 농도, 질소를 조절하거나 양분 공급을 일시적으로 중단한다. 단일처리를 이용할 때는 아주심기 이후부터 영양생장을 지속시키기 위해 계속해온 야간전등조명(전조)을 중단한다. 씨감자 수경재배에 적합한 배양액의 pH는 5~7이지만 인산, 황산, 질산을 이용하여 pH를 4 이하로 12~24시간 처리하면 뿌리가 물리적으로 상처를 받게 되어 잎줄기가 시들고 생장이 둔화되며 며칠 후 괴경이 형성된다.

배양액의 적정 농도는 0.6~2.4dS/m이지만 중만생 품종은 고온기 재배 시 0.6dS/m 이하로 유지해야 괴경 형성이 가능하다. 배양액 성분 중에서 질소를 제거하거나 질소농도를 ½~¼로 줄이면 잎줄기의 생장 억제와 소괴경 형성에 효과가 있다. 배양액 대신 원수를 공급함으로써 양분의 공급을 일시적으로 중단하면 잎줄기의 생장을 억제하고 괴경의 형성을 유도할 수 있다.

수경재배 씨감자 이용기술
가. 수경재배 씨감자의 수확과 저장
(1) 수확

씨감자 수경재배 시 잎줄기의 생장은 아주심기(정식) 후 60~70일째 최고에 도달하며 그 이후에는 감소한다. 덩이줄기의 비대는 그 이후에도 계속되지만 괴경 수량, 각종 병해의 감염 기회 증가 및 배양액, 원수, 전력의 소모를 고려하면 아주심기 후 90일 경에 수확하는 것이 효율적이다.

수미 품종의 경우 아주심기 후 60일째 수확하면 수량이 적고 괴경의 비중이 낮으며, 90일 이후에는 괴경이 부패되거나 피목 비대가 심해지고 바이러스에 이병될 기회가 많아질 수 있다. 아주심기 후 70~80일째 수확하면 5~30g 크기의 소괴경이 많아져서 수확 괴경의 균일도가 향상된다. 수경재배 씨감자의 비중은 1.03~1.07 로서 괴경의 크기가 커짐에 따라 높아지지만 10~50g에서는 차이가 없고 50g 이상이 되면 오히려 감소한다.

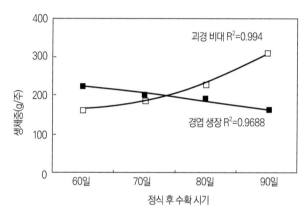

〈그림 8-3〉 수경재배 감자의 잎줄기 생장과 괴경 비대와의 관계

(2) 큐어링(녹화처리)

수경재배 씨감자는 재배조 내의 다습 조건에서 생산되므로 표피가 연하고 쉽게 벗겨진다. 그러므로 수확 후 표피를 경화시키고 상처를 치유하기 위해 온도 17~18℃, 습도 80~85%의 산광 하에서 일정 기간 큐어링*을 한다. 큐어링은 숨구멍을 통한 병원균의 침입을 막고 저장 중의 부패를 경감시키는 데 효과적이다. 큐어링은 수확 후 10~14일 정도 하는 것이 좋다.

(3) 저장

큐어링이 끝난 수경재배 씨감자는 기형이나 썩은 것을 제외하고 크기별로 선별한 후 다음해 심을 때까지 저장한다. 장기간 저장할 경우는 3~4℃ 저온에 저장하고 단기간 저장 후 심을 경우는 10~20℃ 고온에 저장한다.

저온에 저장한 경우라도 감자를 너무 많이 쌓아두면 속에 저장된 감자는 호흡열과 암조건으로 인해 온도가 상승하여 휴면이 일찍 타파되는 경우가 있으므로 저장 중에 종종 감자의 상태를 살펴볼 필요가 있다.

나. 수경재배 씨감자의 재배방법

(1) 이용실태

감자 주산지의 도농업기술원과 농업기술센터에서 조직배양과 수경재배 기술을 이용하여 씨감자를 자체적으로 생산하고 있다. 수경재배 씨감자는 망실하우스에서 1~2회 증식하여 씨감자로 이용하는 경우가 있다.

(2) 이용상 특성

수경재배 씨감자는 크기가 1~80g으로 다양하며 일반 씨감자보다 작기 때문에 통감자로 많이 이용된다. 수경재배 씨감자를 무게가 30g 정도인 일반(절단) 씨감자와 비교해보면 출현율은 차이가 없으며 수량성은 5g 내외가 절단씨감자의 85% 수준이고 10g 이상이면 큰 차이가 없다.

수경재배 씨감자는 봄과 가을에 각각 생산되므로 다음 해 토양에 심을 때까지는 생리적인 활력(서령)이 다르게 된다. 봄에 생산된 수경재배 씨감자의 서령이 가을에 생산된 것보다 상당히 진전되어 수량이 많다. 그러므로 가을에 생산된 수경재배 씨감자는 심기 전에 산광싹틔우기를 봄에 생산된 것보다 길게 하는 것이 바람직하다.

(3) 재배방법

수경재배 씨감자는 일반 씨감자보다 크기가 작으므로 심

는 간격을 다소 좁게 하는 것이 수량 면에서 유리하다. 표준재배인 75×25cm(휴간×주간)보다 밀식재배인 75×20cm 또는 75×15cm로 심는 것이 바람직하다.

〈표 8-8〉 수경재배 씨감자의 크기별 후대 수량

구분	크기(g)	규격씨감자		총 수량	
		kg/10a	상대지수	kg/10a	상대지수
수경재배 씨감자	5±2	2,587	86	3,044	85
	10±2	2,719	91	3,316	92
	20±2	3,003	100	3,300	92
	30±2	2,873	96	3,420	95
절단씨감자	30±2	2,991	100	3,604	100

(4) 재배전망

수경재배는 우리나라의 씨감자 채종단계에서 상위단계의 씨감자를 생산하는 데 이용되고 있다. 감자 주산지의 지방자치단체 또한 수경재배 씨감자를 생산하여 부족한 씨감자를 공급하고 있다. 수경재배 씨감자는 크기 5~10g 이상이 주로 망실하우스 재배에 이용되고 있다. 수경재배에서는 망실하우스 재배가 곤란한 5g 미만의 소괴경이 20~40% 생산된다. 이러한 소괴경을 비가림 망실하우스에 심고 물을 대면 가뭄이나 집중강우 피해를 막을 수 있어 씨감자 생산이 가능하다.

제8장 씨감자 생산재배

▶ 씨감자의 퇴화

   – 병리적 퇴화 : 바이러스병, 세균병, 곰팡이병 등에 의해 씨감자가 퇴화하는 것

   – 생리적 퇴화 : 호흡작용에 의하여 감자 내부의 양분이나 수분이 소모되어 씨감자가 생리
       적으로 노쇠하여 활력을 잃는 것

▶ 씨감자를 생산하기 좋은 지역

   온도는 14~23℃, 토양은 유기질함량이 많으며, 물 빠짐이 잘 되는 참흙 또는 모래참흙으로
   서 pH 5.5~6.5 정도인 곳이 좋다.

▶ 우리나라는 1961년 해발 800m인 강원도 평창군 대관령면 횡계리에 고령지시험장을 설립
   하면서부터 씨감자 생산사업을 시작하였다.

▶ 소괴경은 생산에 이용되는 조직배양 어린 줄기가 건전인 것을 확인한 후 증식해야 건전한
   씨감자 생산이 가능하다.

▶ 조직배양 어린 줄기를 치상한 후 60~90일이 되면 기내소괴경의 수확이 가능하다.

▶ 기내소괴경은 일반감자보다 작고 감자싹의 세력이 약하므로 심는 깊이를 2~7cm 정도로
   하여 너무 깊게 심지 않도록 한다.

▶ 1992년부터 농촌진흥청 고령지시험장에서 수경재배를 이용한 씨감자 생산연구에 착수하
   였고, 1998년부터 이 기술을 이용하여 최상위급 씨감자인 기본종을 생산해오고 있다.

MEMO

제9장
수확 후 관리

수확 후 관리란 통상 수확작업단계부터 수집, 선별, 포장, 저장, 운반 등 생산자로
부터 소비자의 손에 이르기까지의 일련의 작업을 말한다. 감자를 안전하게 수확,
관리하여 저장하고 운반하는 일 또한 감자재배에 있어 매우 중요하다.

1. 수확작업
2. 상처치유(Curing)
3. 선별 및 포장
4. 저장

01 수확작업

감자에 있어 수확은 덩이줄기를 식물체로부터 분리해 내는 과정을 의미한다. 수확작업에 있어 가장 중요한 것은 적정시기의 선택이며, 수확 후 저장, 유통단계에서 발생되는 손실의 가장 큰 원인인 덩이줄기의 상처를 최소화하는 것이 중요하다.

수확 시기의 선택

감자 덩이줄기를 수확하는 가장 적정한 시기는 지상부에서의 동화물질 전류가 마무리되고 덩이줄기 표피 조직이 완성되었을 때이다. 일반적으로 지상부가 말라 죽기(고사) 7~10일 전, 본격적인 잎의 황화현상*이 나타나기 시작하면 덩이줄기의 비대와 성숙은 정지하고, 표피가 굳어지며 (경화) 땅속줄기와 덩이줄기의 연결 부분이 말라 분리하기 쉬워진다.

그러나 기후 여건이 다소 특이한 우리나라의 경우 이와 같은 감자 식물체의 생육단계만으로 수확 시기를 결정하는 데는 다소 무리가 있다. 봄재배의 경우 비록 지상부의 상태가 다소 양호하더라도 덩이줄기의 호흡이 증가하여 동화물질** 축적의 측면에서 손실을 가져오고, 특히 침수로 인한 부패의 가능성이 높아지는 여름 장마철 이전에 수확작업을 마무리하는 것이 유리하다.

> **Tip**
>
> **황화현상***
> 엽록소 부족으로 잎이 누렇게 변하는 현상
>
> **동화물질****
> 생물이 주어진 물질을 섭취하여 전화생성시킨 물질

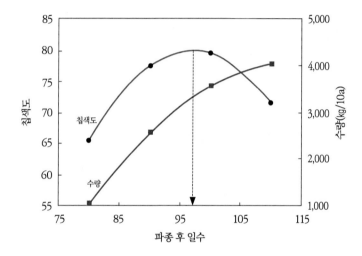

〈그림 9-1〉 봄재배 시 수확 시기별 수량 및 가공품질

특히 가공원료의 경우 감자를 심은 지 100일 이후에는 생육기간 연장이 수량 증대에는 다소 유리하나 품질은 급격히 떨어지는 현상이 나타나므로 가능하면 심은 후 100일을 전후하여 수확하는 것이 좋다.

수확작업 전처리

지상부 잎줄기가 완전히 말라 죽기(고사) 전에 인위적으로 지상부를 말려야 할 경우가 발생한다. 특히 씨감자 생산을 위한 재배의 경우 덩이줄기가 지나치게 굵어지는 것은 바람직하지 않기 때문에 일정 시점에서 지상부를 말려 죽이는 것이 유리하다. 이러한 지상부 잎줄기를 말려 죽이는(경엽고사) 일은 남아 있는 지상부로부터의 바이러스 등과 같은 병해의 감염 기회를 감소시키며, 덩이줄기의 표피 조직이 경화되는 것을 촉진하여 수확작업 중 상처를 적게 하고, 아울러 수확작업을 쉽게 하는 또 다른 장점이 있다. 그러나 조기에 잎줄기를 제거하는 경우, 이후 비에 의한 표토 유실로 지하부 덩이줄기가 드러나 녹색 덩이줄기 발생이 많아지고 토양 수분의 증발이 늦어져 덩이줄기 부패율이 높아지는 경우가 발생할 수도 있어 조심해야 한다.

감자 수확 전 잎줄기를 제거하는 가장 쉬운 방법은 지상부와 지하부의 경계 부위를 물리적인 방법으로 절단하는 것이다. 그러나 이러한 방법은 많은 인력이 필요하고, 절단 부위를 통한 세균 감염 등의 문제점이 있다. 따라서 현재는 잎줄기를 말려 죽이는 약제처리를 통한 방법이 가장 널리 활용되고 있다.

봄재배 시 수확 시기가 온도가 높고 비가 많이 오는 시기로 잎줄기 고조제를 살포하면 땅속감자 덩이줄기가 썩거나 장해를 받을 수 있으므로 사용해서는 안 된다. 따라서 낫이나 기계를 이용해 물리적인 방법으로 잎줄기를 제거할 수밖에 없다.

수확방법

감자 덩이줄기 수확작업에는 다양한 방법이 이용된다. 여건에 따라 어떤 방법을 이용하든 다음과 같은 점에 대해 주의해야 한다.

(1) 박피, 절단, 균열, 타박 등의 덩이줄기 손상을 최소한으로 줄인다.

(2) 수확된 덩이줄기가 직접적인 태양광을 받거나 고온 또는 저온에 노출되지 않도록 주의한다.

(3) 수확 후 밭에는 되도록 덩이줄기나 잎줄기 잔사물이 남지 않아야 한다.

감자를 수확하는 가장 전통적인 방법은 괭이나 호미 등을 이용한 인력작업이다. 이 방법은 작업이 조심스럽게 이루어진다면 덩이줄기의 손상을 최소화할 수 있다. 그러나 실제 인력에 의해 수확된 감자의 경우 저장 중 부패율이 매우 높은 실정이다. 호미나 괭이에 의해 상처받은 덩이줄기가 많기 때문이다. 상처가 깊어 수확 후 상처치유가 어렵고 상처를 통해 세균 감염이 쉬워져 저장 중 부패율이 증가한다.

대관령과 같이 경사도가 높은 감자밭에서는 여전히 소를 이용해 수확한다. 경사가 급한 곳에서는 경운기나 트랙터 같은 농기계를 운전하기가 불가능하기 때문이다. 소의 쟁기 등으로 땅속 덩이줄기를 파헤쳐 놓은 후 수집작업은 다시 인력에 의존해야 한다. 이 경우 쟁기날에 의해 절단되는 덩이줄기는 많이 발생하나 기타 손상은 적다.

〈그림 9-2〉 감자의 기계수확

트랙터나 경운기에 부착하여 사용하는 굴취기(Digger)는 최근 들어 이용이 급속히 늘고 있다. 기계의 동력을 이용하여 쟁기 형태의 날이 감자골을 파서 들어 올리고 벨트 형태의 진동기가 진동을 이용해 토양과 덩이줄기를 분리한다. 토양과 분리된 덩이줄기는 벨트를 타고 다시 땅 위에 놓이고 인력에 의해 수집된다.

대면적 재배가 이루어지는 국가에서는 규모가 큰 감자수확기가 이용된다. 굴취되고 토양과 분리된 덩이줄기가 벨트를 타고 기계에 부착된 자루나 트레일러 등으로 옮겨지는 작업까지 기계에 의해 이루어진다. 이와 같은 기계를 이용한 작업에서는 인력작업에서 나타나는 덩이줄기의 깊은 상처는 적게 발생하나 벨트를 타고 이동하는 과정에서 껍질이 벗겨지거나 충격에 의한 상해 발생이 많아지므로 주의해야 한다.

02 상처치유(Curing)

수확작업 중 발생한 기계적인 상처는 감자조직으로부터의 증산작용을 촉진하여 수분손실의 원인이 된다. 또한 덩이줄기의 호흡을 증가시키고 상처조직을 통한 세균의 감염을 쉽게 하여 부패의 원인이 되기도 한다.

지상부 잎줄기처럼 감자의 덩이줄기 또한 상처를 입게 되면 그 상처조직을 치유하기 위하여 보호조직을 재생시킨다. 상처치유(Curing)라 함은 감자를 수확하여 저장하거나 유통하기 전에 덩이줄기 자체의 보호조직 재생활동에 가장 적절한 환경 조건을 인위적으로 조성해, 기계적 상처로 인한 손실을 최소화하는 수확 후 관리기술을 말한다.

일반적으로 상처의 보호조직은 온도가 높을 때 효과적으로 재생된다. 2.5~5℃에서 2주 정도 걸리는 반면 10℃에서는 4일, 20℃에서는 2일 정도 소요된다. 그러나 온도가 높으면 상처 보호조직의 재생이 빠른 반면 세균이나 곰팡이류의 활동 또한 왕성하기 때문에 20℃ 이상의 온도는 피하는 것이 좋다. 온도뿐 아니라 습도도 매우 중요하다. 상처조직 외부의 습도가 지나치게 낮을 경우 상처조직이 말라서 보호조직의 재생을 억제하며, 습도가 너무 높으면 상처조직 세포의 분열이 지나치게 왕성해져 보호조직의 재생이 지연된다.

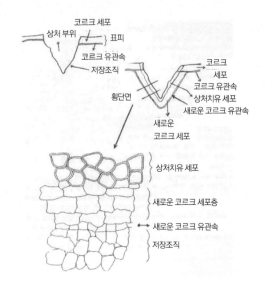

코르크 세포
상처 부위
표피
코르크 유관속
저장조직
코르크
세포
코르크 유관속
상처치유 세포
새로운 코르크 유관속
횡단면
새로운
코르크 세포

상처치유 세포
새로운 코르크 세포층
새로운 코르크 유관속
저장조직

〈그림 9-3〉 감자의 상처치유 과정

따라서 상처치유는 12~18℃의 온도와 80~85%의 습도 조건에서 10~14일 정도 처리하는 것이 좋다. 상처치유 도중 온도와 습도를 유지하기 위해서는 적당히 환기를 시키고 지나친 온도와 습도의 상승을 막아야 한다. 특히 온도가 22℃ 이상 유지될 경우 호흡량과 세균의 감염이 급속히 증가하므로 주의해야 한다.

03 선별 및 포장

선별

감자를 선별할 때 가장 기초가 되는 기준은 덩이줄기의 크기이다. 학술적인 분류기준은 대서(大薯), 중서(中薯), 소서(小薯), 설서(屑薯) 등으로 구분되지만, 통상 200g 이상의 특대서, 80~200g의 상품서, 80g 이하의 조림용 등으로 구분되기도 한다.

최근에는 농협이나 작목반 등을 통한 계통 출하가 늘어나면서 인력에 의존하던 선별 방법도 선별기를 이용하는 형태로 변화하고 있다. 선별기는 벨트에 원형의 구멍이 뚫린 형태와 회전하는 봉 사이의 간격을 달리하여 선별하는 형태로 대별된다. 어떤 형태이든 부피를 기준으로 한 선별에는 유효하나 상처를 입거나 기형 등 별도의 규격외 감자를 선별하는 작업은 여전히 인력에 의존할 수밖에 없다.

포장

최근까지 국내 감자 유통시장에서 가장 보편적인 포장 방법은 20kg 규격의 종이상자 형태였다. 생산지에서 수확된 뒤 인력에 의해 등급별로 포장된 후 소매시장에 이르기까지 계속되는 포장 형태이다. 그러나 최근 들어 핵가족화 추세에 따라 농산물의 소포장 형태가 광범위하게 적용되면서 감자 또한 5kg 단위의 종이상자나 비닐봉지 포장 형태가 급속히 늘고 있다. 대형 할인점에서는 단순 포장뿐 아니라 세척 또는 망건조과정을 거쳐 포장하기도 한다.

이러한 유통 형태로 인하여 일부 농가에서는 과거보다 포장으로 인한 인력 소요가 증가하고, 대형포장 시 잔여 농산물의 폐기에 의해 발생하던 수요가 줄어듦으로써, 농가 소득 측면에서는 부정적인 결과를 초래하고 있다고 불만을 표시하는 경우도 발생되고 있다. 그러나 선진 외국의 예를 보아도 궁극적으로 변화하고 있는 소비자의 취향에 적절히 대응하는 것만이 농산물의 경쟁력을 유지할 수 있다. 한편 포장지에 해당 농산물의 이용법 등을 간단히 표기하는 방법도 소비자에게 해당 농산물에 대한 정확한 정보를 제공한다는 측면에서 활용가치가 있다고 여겨진다.

〈그림 9-4〉 감자 선별기 선별

〈그림 9-5〉 덩이줄기로부터의 규격외서 제거

04   저장

감자의 저장 조건은 원칙적으로 호흡량을 줄여서 체내대사를 최소한으로 억제하도록 해야 한다. 감자는 3~8℃에서 가장 호흡량이 적으며 0℃ 이하에서는 얼 우려가 있다. 따라서 가장 최적 조건인 3~4℃의 온도와 80~85%의 습도를 유지하여 주는 것이 가장 좋다.

저장방법으로는 보통 저장, 저온 저장 등이 있다. 보통 저장은 광, 창고 등 건물을 이용하거나 움 저장, 땅속 저장, 반지하식 저장 등 자연물을 이용하는 방법이다. 저온 저장과 반지하식 저장이 가장 좋지만 저장시설이 없는 곳에서 감자량이 적을 때에는 움저장이 간편하고 온도와 습도유지가 쉽다.

움 저장 방법은 땅이 얼기 전에 물 빠짐이 좋은 장소에 50~70cm 깊이의 구덩이를 파고 밑바닥과 벽면에 짚을 깔고 감자를 넣는다. 지면과 같거나 약간 높게 감자를 채우고 그 위에 환기통을 설치하고 흙을 덮는다. 이때 덮는 흙의 두께는 각 지역의 땅이 동결되는 두께 이상으로 덮어야 한다. 저장감자를 이듬해 봄에 꺼낼 경우에는 땅이 풀린 뒤에 바로 꺼내도록 한다. 땅이 풀린 뒤 오랫동안 움 속에 있게 되면 싹이 빨리 터서 상품성이 떨어지고 씨감자로 이용할 때에도 좋지 않다.

제9장 수확 후 관리

▶ 최근 들어 생산자와 소비자의 거리가 줄어 일종의 직거래 형태가 활성화되면서 수확 후 관리의 중요성이 점차 부각되고 있는 실정이다.

▶ 수확작업

  – 수확 시기의 선택 : 덩이줄기를 수확하는 가장 적정한 시기는 지상부에서의 동화물질 전류가 마무리되고 덩이줄기 표피 조직이 완성되었을 때이다.

  – 수확방법 : 감자를 수확하는 가장 전통적인 방법은 괭이나 호미 등을 이용한 인력작업이지만, 트랙터나 경운기에 부착하여 사용하는 굴취기(Digger)의 이용이 급속히 늘고 있다.

▶ 일반적으로 상처의 보호조직은 온도가 높을 때 잘 재생된다. 2.5~5℃에서 2주 정도 필요한 반면 10℃에서는 4일, 20℃에서는 2일 정도면 가능하다.

▶ 선별 : 대서(大薯), 중서(中薯), 소서(小薯) 및 설서(屑薯) 등 덩이줄기의 크기로 감자를 선별한다.

▶ 포장 : 가장 보편적인 포장 방법은 20kg 규격의 종이상자 형태였다가 요즘에는 5kg 단위의 종이상자나 망 포장 형태가 빠르게 늘고 있다.

▶ 저장 : 감자는 수확된 이후에도 특유의 생명활동을 계속한다. 수확 후 호흡은 감자 조직의 변화를 가져와 건물중을 감소시키며, 증산은 감자 내 수분함량의 감소를 가져와 감자의 생체중 감소의 직접적인 원인이 된다.

▶ 저장방법 : 옛날에는 움 저장이나 반지하 저장고를 이용하였으나 최근에는 자동화된 저온 저장 시설의 활용이 늘고 있다.

MEMO

제10장
감자
병해충과 방제

감자 병해충을 예방하고 손해를 최소화하기 위해서는 꾸준하게 예찰활동과 약제
살포, 제초작업 등을 해야 한다. 감자에 병해충을 일으키는 곰팡이와 세균, 바이러
스, 해충, 잡초 등에 대해 살펴보고, 피해 증상과 방제법 등을 알아본다.

1. 곰팡이병

2. 세균병

3. 바이러스병

4. 생리장해

5. 충해

6. 잡초

01 곰팡이병

감자역병(疫病, *Late Blight*)
역병은 감자 재배지에서 해마다 발병하며 수확량을 감소시키는 등 심각한 피해를 초래하고 있는 무서운 병해이다. 이 병은 중남아메리카의 토착 병해였으나 1840년대 최초로 이동하여 유럽과 북아메리카로 전해졌고 1840년대 말에는 유럽에서 감자역병이 크게 발병하여 아일랜드 대기근을 초래하기도 하였다.

가. 피해 증상
역병은 잎, 줄기, 덩이줄기를 침해한다. 병원균은 온도가 낮고 습도가 높은 환경에서 빠르게 번지며 감염 부위에 특징적인 증상을 형성하기도 한다.

(1) 잎
흔히 아랫잎에서 황색 혹은 진한 녹색 반점이 나타나고 나중에는 갈색 또는 검은색 반점을 띤 병무늬(병반)를 남긴다. 온도가 낮고 습도가 높은 조건에서 병반은 빠르게 확대되며, 잎 뒷면의 병무늬(병반) 주변에서 흰 가루처럼 보이는 균사를 볼 수 있다. 작은 반점에서 시작된 병의 증세(병징)는 잎이 일찍 지게 만들기도 하며, 이것은 일주일 이내에 전체 밭으로 번질 수 있다.

(2) 줄기

역병은 줄기에 직접 침입하여 잎 또는 잎자루(엽병)로 확산되기도 하며, 병에 걸린 부분은 정상적인 부분과 쉽게 구분할 수 있을 정도로 갈색으로 변색된다. 줄기가 감염된 경우 지상부 전체가 말라 죽으며, 줄기가 약해져 가벼운 비바람에도 쉽게 부러지고 더 이상 자랄 수 없게 된다. 덩이줄기 형성기 이전에 줄기가 감염되는 경우 감자를 전혀 수확할 수 없을 정도로 심각한 피해를 준다.

〈그림 10-1〉 감자역병에 감염된 잎의 병징(왼쪽 : 표면, 오른쪽 : 뒷면)

(3) 덩이줄기

병든 덩이줄기는 표면에 불규칙하게 색이 변한 부분이 있고, 표면의 색이 변하고 조직이 죽어 나타난 병무늬(병반)는 덩이줄기 조직 안으로 침투한다. 역병에 걸린 감자 덩이줄기는 수확 전후 또는 저장 초기에 무름병 등의 2차 감염에 의해 심각하게 썩는 경우가 많다.

나. 발생 생태

감자역병균은 곰팡이로 감자, 토마토 및 다른 가짓과 작물에 병을 일으킬 수 있다. 온도가 낮고 습도가 높은 환경이 계속될 때 유주자낭*을 대량으로 형성하고 바람, 빗물 등에 의해 옮겨져 감염된다.

병원균은 잎과 줄기 등 식물체의 표피에 직접 침입하고, 덩이줄기에는 피목이나 상처를 통해 침입한다. 그러나 온도가 높고 건조한 불량환경이 되면 식물체로 침입하지 못한 유주자낭은 죽는다. 지상부의 병든 조직에 형성된 유주자낭이 빗물이나 바람에 의해 땅으로 떨어질 때 덩이줄기의 피목이나 상처를 통해서 침입하면 덩이줄기가 감염된다. 감염된 덩이줄기는 대부분 썩지만, 일부는 저장하는 동안 병든 감자에서 살아남아 있다가 다음 해에 전염원으로 중요한 역할을 한다.

Tip
유주자낭*
조류(藻類)나 균류의 무성 생식을 담당하는 홀씨가 들어 있는 주머니

〈그림 10-2〉 덩이줄기 내부의 갈변증상과 절단면에 자란 병원균

다. 방제법

온도가 낮고 습도가 높은 발병 조건에서 공기 중 상대습도를 낮추는 조치가 병의 진전을 늦추는 데 도움을 줄 수 있다. 감자를 넓게 심어 바람이 잘 통하게 하고 물 빠짐이 잘되게 하면 병의 발생을 줄일 수 있지만 스프링클러를 이용한 물주기는 병을 확산시킬 수 있다. 그리고 덩이줄기에 북을 많이 주어 병든 부위에서 씻겨 내려온 균들에 의

하여 덩이줄기가 감염되지 않도록 한다. 북을 충분히 주면 병원균 포자가 덩이줄기에 도달하는 데 물리적인 장벽이 되어 병원균의 접근을 지연시킬 수 있으며, 비가 온 후에도 덩이줄기가 흙 위로 나오지 않게 해준다.

예방약제의 살포는 포자의 발아와 침입을 예방하므로 상습 발생지에서는 주기적으로 약제를 살포할 필요가 있다. 그러나 병원균이 잎에 침입한 후의 예방용 살균제는 대부분 효과가 떨어진다. 그러므로 예방약제 살포는 밭에 역병 증상이 나타나기 전까지만 하고, 역병 증상이 발견되면 그 때부터는 치료 효과가 있는 살균제 중심의 약제 살포가 필요하다.

한편 동일한 살균기작을 갖는 약제를 계속 사용하는 것은 저항성 균의 출현 등 문제점을 유발할 수 있으므로 계통이 다른 약제를 교대로 사용하여야 한다. 역병 저항성 품종은 병 발생을 늦추거나 경제적인 피해를 줄일 수 있도록 해준다. 특히 고랭지 감자재배 지대에서 역병에 비교적 저항성인 하령을 재배할 때는 초발생 예보 후 10일경부터 예방제(병 발생 전)와 치료제(병 발생 후)를 살포하여 방제한다. 저항성 품종은 단독 또는 재배적·화학적 방제 방법과 같이 이용하면 그 효과를 극대화할 수 있다.

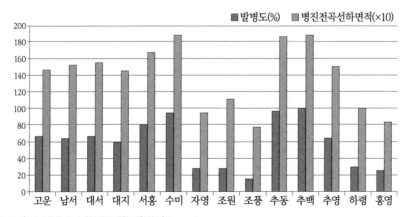

〈그림 10-3〉 감자 품종별 감자역병에 대한 저항성 정도

감자겹둥근무늬병(夏疫病, Early Blight)

주로 감자 지상부 잎부분을 침해하지만 덩이줄기와 줄기에서도 특징적인 병증상(병징)을 나타낸다. 온도가 높고 건조한 대부분의 감자 재배지에서 발생한다.

가. 피해 증상

초기 감염은 아랫잎에서 나타나고 작은 반점(1~2mm)이 잎에 사격 표적판과 비슷한 둥근 동심원의 증상을 만든다. 병이 진전되면 어두운 갈색으로 확장되고 병증상(병징)은 잎맥에 의해서 제한되기 때문에 모무늬를 만들기도 한다.

덩이줄기에 나타나는 대표적인 증상은 불규칙하게 움푹 들어간 증상(함몰)과 회색, 갈색 또는 자주색에서 검은색으로 덩이줄기가 변색하는 것이다. 이러한 증상들은 덩이줄기 표면에 다양한 형태로 분포하고 부패가 진전한 경우 물이 스민 것 같은(수침형) 병무늬(병반)가 형성되며 변한다. 병증상(병징) 부위는 저장기간이 길어지면 심하게 확장되고 덩이줄기가 수축되기도 한다.

〈그림 10-4〉 잎과 덩이줄기에 나타난 겹둥근무늬병 증상

나. 발생 생태

감자가 자라는 동안 고온 다습한 기후가 교차할 때 바람에 의해 가장 빠르게 확산되고 병에 걸린 식물체가 상처

를 받거나 영양물질이 부족할 때 심해진다. 병원균은 흙이나 식물체 잔해에서 균사 또는 포자 상태로 겨울을 나며, 저장 중인 덩이줄기에서도 살아남을 수 있다.

병원균은 표피를 통하여 바로 잎에 침입하고 1차 감염은 늙은 잎에서 나타난다. 그러나 왕성한 생육을 하는 잎, 질소질 비료를 준 잎에서는 병증상(병징) 발달이 어렵고 병원균의 확산은 식물체의 성숙에 따라 영향을 받는다. 병원균은 28℃ 부근에서 가장 왕성하게 자라고 최적 환경에서 40분 이내에 발아하여 침입한다.

다. 방제법

겹둥근무늬병 방제는 저항성 품종을 이용하는 것이 가장 효과적이다. 약제방제는 포자의 흩날린 양(비산량)을 조사하여 병원균이 확산되기 전에 계획을 세워 방제하는 것이 효과적이다. 또한 식물체의 활력을 증진하고 지상부의 급속한 노화를 방지하기 위한 경종적 관리는 병원균의 침해를 줄이는 데 도움을 준다.

덩이줄기 감염을 방지하기 위하여 병에 걸린 지상부 잎줄기는 수확 전에 미리 제거하도록 하며, 흙 속에 있는 덩이줄기는 표피가 마르고 기계적 상처에 저항성이 생길 때까지 흙 속에 두도록 한다.

병원균은 식물체 잔사물*에 남아 있을 수 있으므로 모든 감염된 잔사물은 감자를 수확한 밭에서 완전히 제거하여야 한다. 콩과나 볏과 작물과의 돌려짓기는 밭에서 병원균 밀도를 줄이는 데 도움이 된다.

감자시들음병(萎凋病, Fusarium Wilt)

시들음병은 감자를 재배하는 전 지역에서 발생하는 토양 전염성 병으로 생육 중 고온 건조한 환경이 지속될 경우 대부분의 재배지에서 발생한다.

가. 피해 증상

병든 덩이줄기는 표면의 색이 변하고 썩으며 땅속줄기(복지)는 갈색으로 변한다. 시들음병에 걸린 덩이줄기는 유관속**이 변하고 괴사하지만 선별 과정에서 제거하지 않은 채 파종한다면 생육 중에 심각한 피해를 초래한다.

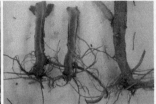

〈그림 10-5〉 시들음 증상과 유관속 변색

나. 발생 생태

병원균은 토양이나 씨감자를 통해서 옮겨질 수 있지만 감자를 이어짓기한 땅속에서 오랫동안 살아있을 수 있어 병원균에 오염된 밭은 감자를 수확할 수 없는 경우조차 있다.

식물체가 자라는 동안 고온 건조한 환경이 되면 시들음 증상이 심하게 발생한다.

다. 방제법

시들음병균에 의해 오염되지 않은 밭에서 재배하고 병든 씨감자를 사용하지 않는다. 병원균 확산을 방지하기 위하여 병에 걸린 식물체는 즉시 없애는 것이 좋다. 저항성 작물인 볏과 작물, 목초 또는 콩과 작물을 돌려짓기하고 습기가 많고 물 빠짐이 나쁜 밭을 피하여 재배하고, 재배 중 물 빠짐이 잘되게 하고 병에 걸린 식물체는 불에 태운다.

Tip
동화산물(同化産物)●
동화작용에 의해 생성된 물질

감자검은무늬썩음병(黑痣病, *Black Scurf*)

검은무늬썩음병은 수많은 작물과 잡초에서 발생할 수 있으며 감자를 재배하는 전 세계에서 발병한다.

가. 피해 증상

덩이줄기 표면에 납작하거나 부정형의 암갈색 균핵이 부스럼처럼 생겨 물에 씻어도 떨어져 나가지 않는다. 또 덩이줄기 표면에 균열과 함몰이 생기고 땅속줄기(복지) 끝이 갈색으로 변하기도 한다. 이른 봄 감자를 심은 후 감염된 식물체들은 대부분 지하부 싹이 죽어 출현이 늦는데 이는 특히 온도가 낮고 습도가 높은 환경에서 심하다. 어린 줄기가 감염되면 줄기에 검은색 띠가 형성된 채 자라고 심하면 원줄기는 죽고 병무늬(병반) 아래에서 곁눈이 나와 줄기로 자라게 된다.

병원균이 형성한 균사띠가 줄기 표면에 회백색의 가루처럼 나타나고, 병무늬가 진전하면 광합성 동화산물●이 지하부 덩이줄기로 가는 것을 방해하여 지상부의 소엽이 감소하거나 마르고 붉은 자주색으로 잎말림바이러스와 유사한 증상을 보인다. 병증상(병징)이 진행됨에 따라 지상부에 녹색의 기중괴경(Airial Tuber)이 달리고 마디 사이 또는 마디가 이상 비대하기도 한다.

〈그림 10-6〉 지상부에 형성된 비정상 덩이줄기(왼쪽), 지하부의 병무늬(가운데), 덩이줄기의 균핵(오른쪽)

나. 발생 생태

병원균은 담자균으로 씨감자와 토양을 통해 전염되며 싹에서 수확기까지 거의 전 생육기간에 걸쳐 감자 지하부를 공격한다. 병원균이 자라기에 적당한 온도는 9~27℃로 18℃일 때 발병이 매우 심하다.

병원균은 토양 내에서는 균핵으로, 식물체 잔사물에서는 균사 상태로 겨울을 난다. 봄에 생육 조건이 좋아지면 균핵이 발아하고 식물체 줄기나 출현하는 싹에 감염되는데 특히 상처를 통해서 침입한다.
병원균 밀도는 감자를 이어짓기한 토양에서 증가하며 균핵에 심하게 감염된 씨감자를 심게 되면 더 늘어난다. 토양 내 수분함량이 높고 특히 물 빠짐이 나쁘면 새로 형성된 감자에 균핵 형성이 현저히 증가하는 경향을 보인다.

다. 방제법

이어짓기는 병원균의 토양 내 서식밀도를 증가시키고 이로 인해 병해는 해마다 계속 늘어난다. 병원균이 한 번 포장에 정착이 되면 최소한 3년 이상 다른 비기주 작물과 돌려짓기를 하는 것이 효과적이다.

병을 방제하기 위해서는 저항성 품종 또는 병이 없는 씨 감자를 심어야 한다.

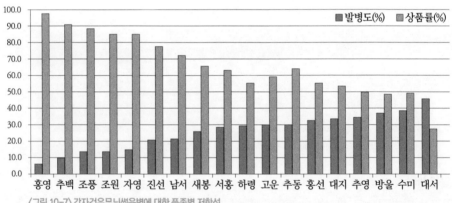

〈그림 10-7〉 감자검은무늬썩음병에 대한 품종별 저항성

재배 중에는 밭의 물 빠짐이 잘되도록 한다. 일반적으로 재배 중에 질소 비료를 많이 주면 병원균이 발생하기 좋은 조건이 되므로 균형 시비를 하여 식물체의 저항력을 길러 주는 것이 중요하다. 검은무늬썩음병에 등록된 약제를 이용하여 씨감자를 소독하면 병 발생을 크게 줄일 수 있다.

감자가루더뎅이병 (粉狀瘡痂病, *Powdery Scab*)

서늘하고 수분이 많은 토양에서 발생이 심하며, 감자를 생산하는 대부분의 지역에서 발생하는 것으로 알려져 있다.

가. 피해 증상

덩이줄기의 감염은 피목과 상처, 드물게 눈을 통해서도 일어나는데 숨구멍(피목)을 중심으로 0.5~2mm 직경의 반투명한 갈색의 얼룩얼룩한 무늬(반문)가 생기고 3~5mm 크기의 돌출물을 형성한다. 나중에는 표피가 터져 내부에서 황갈색 또는 자색의 가루(분상물)를 배출하며 달의 분화구와 비슷한 병무늬(병반)가 생긴다. 피해가 심하면 싹도 안 나고 부생균의 2차 침입으로 썩기 쉽다. 뿌리와 땅속줄기의 감염은 덩이줄기에서와 동시에 일어나는데 직경 1~10mm의 흰색 혹이 형성된다.

뿌리 위의 혹들은 심할 경우 어린 식물체를 마르거나 죽게 만들 수도 있는데 성장함에 따라 흑갈색으로 변하고 점차 썩어서 토양 내로 휴면포자 덩어리를 방출한다. 저장 중에는 병증상(병징)이 더 심해질 수 있고 이 병으로 인하여 마른썩음병(건부병) 등에 쉽게 감염될 수 있다. 만약 감염된 조직이 표피를 통해 터지지 않으면 감염과 갈변이 옆으로 확대되어 최초의 감염 주위에 한 개나 두 개의 갈변된 원형 병무늬(병반)를 형성한다. 습도가 높을 때는 표피가 터지고 나서 혹이 다소 커지거나 2차 혹이 1차 혹 주변에 발달할 수도 있다.

나. 발병 생태

병원균은 활물기생균으로 인공배양이 안 되며 덩이줄기 표피로 침입한다. 감염 후기에 병원균이 덩이줄기 표피 아래로 진행되면 기주세포를 확대·분열시켜 표피가 찢어지고 특징적인 외부 생장이 일어나게 된다.

〈그림 10-8〉 덩이줄기에 형성된 가루더뎅이병 병무늬(병반)와 뿌리에 형성된 뿌리혹

상처난 표피 아래는 점차적으로 검어지고 부패되어 흑갈색의 포자구(Spore Balls)들로 가득 찬 함몰된 병증상(병징)이 나타난다.

병원균은 토양에서 휴면포자로 구성된 포자구 형태로 생존하며 이것이 뿌리나 복지의 표피세포에 침투하여 다핵의 곰팡이 덩어리(Sporangial Plasmodia)를 형성함으로써 결국 뿌리나 덩이줄기에 침입하는 2차 유주자를 형성한다.

2차 유주자에 의한 감염은 기주세포를 자극하여 더 크고 많은 혹을 형성한다. 이러한 혹들 안에는 포자구들이 형성된다. 가루더뎅이병균은 감자몹탑바이러스(PMTV)를 매개하는 것으로 알려져 있다.

덩이줄기와 뿌리의 감염은 초기에는 서늘하고 습한 환경에서 잘 일어나며 후기에는 점차적으로 토양이 건조해짐에 따라 더 촉진된다. 휴면포자는 토양에서 6년 이상 견디며, 덩이줄기와 뿌리가 병원균에 감염된 후 혹이 형성되기까지 16~20℃에서는 3주가 채 안 걸린다. 토양 pH 4.7~7.6에서 병이 잘 나타난다. 질소, 인산, 칼륨 등의 비료성분이 병 발생에 미치는 영향은 크지 않으며 황에 의해서는 발병 정도가 감소된다고 한다.

다. 방제법

병원균 휴면포자는 토양에서 오랫동안 생존이 가능하기 때문에 돌려짓기를 하는 것이 좋다. 씨감자는 병증상(병징)이 없고, 병이 없는 토양에서 생산된 감자를 선별하여 심고 물이 잘 빠지는 토양에서 재배하는 것이 좋다. 병이 있는 것으로 알려진 토양에서는 재배하지 말고 가루더뎅이병에 걸리지 않는 비기주 작물로 돌려짓기를 한다. 이 병원균은 동물의 소화기관에서도 생존하므로 병에 걸린 감자를 먹은 동물의 배설물을 퇴비로 쓰지 않는다.

감자마른썩음병(乾腐病, *Dry Rot*)
대부분의 감자 재배지에서 발견되고 주로 저장 중인 감자에서 심하게 발생하므로 씨 감자로 심었을 때 싹이 나지 않는 감자가 많다.

가. 피해 증상
마른썩음병 증상은 저장 후 건조할 때 많이 나타나는데, 초기에는 상처 부위에 작은 갈색 증상으로 나타나며 맨눈으로도 구별할 수 있다. 병증상(병징)이 확대되어 함몰 되거나 주름이 많아지면 동심원 상으로 죽은 조직이 마르게 된다. 병증상(병징) 부위 에서 균사 덩어리가 형성되고 포자는 죽은 표피에서 발생하는 것을 볼 수 있다.

병원균은 건전한 덩이줄기의 표피나 피목을 침해하지는 못하며 수확, 저장, 선별 혹은 수송 중에 생긴 덩이줄기의 상처가 주요한 침입 부위가 된다. 덩이줄기 내부의 괴저부위는 엷은 황갈색에서 어두운 초콜릿색으로 갈변하며 죽은 조직은 다양한 색을 나타낸다. 균사와 포자는 건조할 때 조직을 뚫고 나와 외부에 전형적인 증상을 나타내기도 한다.

나. 발생 생태
병원균은 토양에서 여러 해 동안 살아 있을 수 있지만, 보통 1차 전염원은 병에 걸린 씨감자이다. 덩이줄기 표면에서 자란 균사는 운반과 저장 중 상자나 기구를 오염시키고 상처 부위로 침입한다.

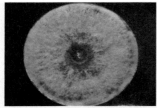

〈그림 10-9〉 마른썩음병균과 병든 덩이줄기

병에 걸린 씨감자는 씨감자 조각이 썩고 일부는 덩이줄기 표면에 붙어서 토양에 퍼진다. 바람이 잘 통하고 적절한 상대습도 하에서는 덩이줄기에 3~4일이면 주피*가 형성되어 상처를 입었더라도 병원균의 전파를 줄일 수 있지만 온도가 낮을 때에는 주피 형성이 늦어 발생이 늘어난다.

토양 온도와 습도가 싹의 성장과 출현에 적합하다면 파종 후의 씨감자나 절편에서 마른썩음병에 의한 부패가 일어나지 않지만, 감자를 심은 후 습도가 높아지면 무름병균 등에 의한 2차 감염이 증가하면서 대부분 썩어 감자싹이 나오지 않는다.

Tip

주피*
비대 생장을 하는 목본 식물의 줄기나 뿌리의 표피 밑에 형성되는 조직을 통틀어 이르는 말

피층**
표피와 중심주 사이에 있는 세포층

다. 방제법

감자 식물체 지상부가 죽으면 덩이줄기를 수확하고, 수확 작업 도중에 상처의 발생을 최소화한다. 저장 전 상처치유를 위하여 공기가 잘 통하게 하고 습도를 높게 유지시켜준다. 씨감자를 자른 후에는 온도와 상대습도를 비교적 높게 유지시켜주어 싹이 빨리 나오게 하고 절단면의 상처 치유를 원활하게 해야 한다.

감자잿빛곰팡이병(灰色腐敗病, *Gray Mold*)

가. 피해 증상

병증상(병징)은 주로 잎에 나타나며 서늘한 기후에서 빨리 퍼진다. 보통 잎의 끝이나 가장자리에서 발생하며 잎맥으로 퍼지고 띠모양을 갖는다. 병원균에 감염된 꽃 부분이 잎에 떨어졌을 때 접촉한 부분에서 둥근 병무늬(병반)가 생긴다.

병원균은 감염된 잎에서 잎줄기와 줄기의 피층**을 통해 퍼지고 밖에서 보았을 때 솜털모양의 회색포자를 풍부하게 생성한다. 덩이줄기 감염은 수확할 때에는 나타나지 않고 저장 중에 진전하여 부패한다. 병든 조직 표면은 주름이 잡히고 마른 형태로 함몰하여 변색 부분이 부패한다.

〈그림 10-10〉 감자잎에 나타난 잿빛곰팡이병

나. 발생 생태

감염 초기에는 잠복기가 있고, 노화된 식물체에서 뚜렷하게 보인다. 포자는 바람과 비에 의해 쉽게 퍼지고 건조하고 햇빛이 잘 비치면 포자 생육이 제한받는다. 감자잎은 습도가 높고 서늘한 기온에서 병이 나타나기 쉽고 성숙한 덩이줄기는 발병이 적다.

다. 방제법

살균제는 작용기작이 서로 다른 약제를 교호로 사용한다. 또한 덩이줄기는 낮은 온도에 저장하기 전에 상처치유를 위하여 전처리를 한다.

감자균핵병(菌核病, *White Mold*)
균핵병은 온대 지역에서 발생하는 저온성 병해다.

가. 피해 증상

병무늬(병반)는 젖은 솜 같은 균사덩어리로 덮여 있고 균핵은 줄기부분에서 자주 발생하지만 잎, 잎자루와 꽃자루에서도 나타난다. 초기 병무늬(병반)는 젖은 회색으로 나타나지만 심하게 감염된 식물체는 줄기가 띠 모양으로 둘러싸여 결국 죽는다.

얼룩무늬 병무늬(병반)를 가진 감염된 줄기는 내부에 균핵과 균사가 발달하여 건전한 조직과 뚜렷이 구분된다. 병무늬(병반)가 커지면 줄기는 수축되고 표면은 검고, 부패로 인하여 조직이 연화되며 압력을 가하면 균사 혹은 균핵이 밖으로 나온다. 괴경은 감염 초기에 건전한 것에 비하여 변색이 미약하고 냄새가 없는 것이 특징이다. 그러나 병 진전이 심한 경우는 균사와 균핵으로 가득 차서 내부공동으로 진전되는 경우가 많다.

나. 발생 생태

병원균은 병든 식물체의 조직 및 토양에서 균핵 형태로 겨울을 나거나 감염된 식물체 내에서 균사 상태로 겨울을 난 다음 발아하여 자낭반[*]과 자낭포자[**]를 형성한다. 균핵에서 뻗어 나온 균사는 직접 식물체에 침입하기도 한다. 서늘한 기온(16~22℃)과 비교적 높은 습도에서 병 진전이 촉진된다.

다. 방제법

비기주 작물을 4년 이상 돌려짓기하고 살균제를 발생 초기에 살포하거나 밭에 물을 가두어 균핵을 파괴하는 방법 등이 있다. 병든 식물체는 그 주변의 흙과 함께 일찍 제거하여 땅속 깊이 묻는다. 그리고 밭 온도가 낮고 물기가 많은 조건이 되지 않도록 물 빠짐이 잘되고 공기가 잘 통하게 하고 멀칭재배를 하면 병 발생을 억제할 수 있다.

반쪽시들음병(萎凋病, *Verticillium wilt*)

감자에서 시들음병을 일으키는 토양 전염성 병해로 *Verticillium albo-atrum* 과 *V. dahliae*가 알려져 있다. 이 병원균은 200여종 이상의 식물에 보고되어 있다. 일반적으로 알려진 감자와 토마토 이외에도 오이, 가지, 고추 등과 영년생 식물에도 가해를 하는 것으로 알려져 있다. 이들이 침입하는 목본식물에는 단풍나무, 장미 등이 있다.

〈그림 10-11〉 버티실리움시들음병이 발생한 재배지와 식물체

가. 피해 증상

버티실리움(*Verticillium*)에 의해서 발생하는 병해의 가장 특징적인 증상은 시들음이고 이런 증상은 생육 중기에 하위 엽에서 출발하여 하루 중 가장 더운 시간에 시들음 증상을 보이고 밤이 되면 다시 회복하는 반응을 보인다. 잎의 가장자리나 엽맥 사이가 노란색으로 변하고 다시 갈색으로 변하는 것이 특징이다. 이러한 증상이 진전되면 전체 잎을 갈색으로 변하게 하거나 완전히 죽게 하기도 한다. 이 병의 가장 큰 특징은 식물체 또는 잎의 반쪽만 노란색으로 변하여 반쪽시들음병이라고 부른다.

이 병에 감염된 식물체의 땅가 부근 줄기 유관속은 줄무늬를 형성하는데 이를 근거로 병을 진단할 수 있다. 병든 조직 횡단면은 유관속 조직을 따라서 엷은 갈색으로 변색되는 것을 볼 수 있고 이런 증상은 *Fusarium*에 의해서 발생하는 것과 유사하여 혼동하기 쉽지만 *Fusarium*에 의해서 발생하는 유관속의 줄무늬 증상은 흑갈색으로 변색된다는 점이 다르며, *Verticillium*에 의해 유기되는 것보다 훨씬 빠르게 진행되는 점이 가장 큰 차이다. 이 병에 감염된 감자 괴경은 유관속 부위를 중심으로 고리형으로 변색되고 복지에서 부터 생성된다.

또한 이 병에 의해서 유발된 시들음 증상은 가뭄으로 유발된 시들음 증상과 구분이 되는데 병든 식물체는 재배지의 일부분에서 시들음 증상이 발생하는 특징이 있는 반면에 가뭄에 의한 시들음 증상은 균일하게 발생하거나 생육 중인 전체 재배지에서 발생한다.

나. 발생 생태
이 병을 일으키는 병원균은 균사, 병든 식물체의 잔재 혹은 소형 균핵의 형태로 월동이 가능하다.

이 병원균은 경작 중에 발생하는 뿌리의 상처, 선충에 의해 발생한 상처 혹은 2차 근계가 발발하는 도중에 생기는 상처를 통하여 감염된다. 이병의 최적 온도는 *V. albo-atrum*은 비교적 저온인 20℃이고 반면 *V. dahliae*는 27℃ 고온에서 생육한다.

식물체가 노화될 때 곰팡이는 부생적으로 작용하여 죽은 조직에 정착하지만 정착과정에 멜라닌 색소를 함유한 대량의 균사로 소형 균핵을 형성한다.

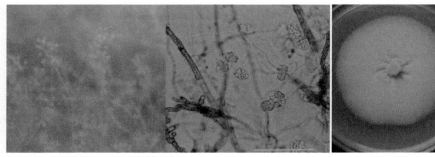

〈그림 10-12〉 병원균 균사특징 및 배양기상의 균총

다. 방제법

이 병원균은 토양 내에서 서식하고 기주 범위가 매우 넓기 때문에 방제가 어렵다. 다른 병해와 마찬가지로 한 가지 방법에 의한 방제는 좋은 결과를 얻기 어렵지만 여러 가지를 조합한 처리법을 적용한다면 병의 피해를 최소화 할 수 있다.

만약 반쪽시들음병의 병원균이 정확하게 진단되었다면 가급적 저항성 품종을 이용하는 것이 좋다. 그리고 식물체 잔재나 병든 감자 등은 재배지에서 완전히 제거하여 병원균이 월동할 수 있는 서식처를 제거하고 식물체가 건전하게 생육할 수 있도록 관수나 시비관리를 철저히 해야 한다.

병원균이 기주 범위가 넓고 토양 내에서 다양한 방식으로 생존이 가능하므로 감수성 작물 재배를 피하고 비기주 작물로 4~6년 이상 윤작을 하거나 토양 소독제를 사용하면 병원균 밀도 및 발병도를 현저하게 줄일 수 있다.

감자무름병(軟腐病, *Soft Rot*)

무름병은 감자가 재배되는 곳 어디서나 발생하며 문제를 유발하고 기주 범위가 넓은 것이 특징이다.

가. 피해 증상

무름병은 덩이줄기의 유조직이 파괴되어 물렁해지며 흰색이나 갈색의 썩는 증상이 불규칙한 반문으로 나타나는 것이 특징이다. 덩이줄기 내부는 크림색으로 썩으며 외부는 자갈색 혹은 옅은 흑색으로 불규칙한 반문이 형성되는 동시에 불쾌한 냄새가 난다. 이런 냄새는 2차적으로 침입한 미생물에 의하여 발생하며 병원균은 대체적으로 25℃ 이상에서 생육이 왕성하다. 일반적으로 무름병은 피목과 상처 부위에서 시작하여 괴경 전체로 빠르게 퍼져 나간다.

나. 발생 생태

무름병 병원균은 밭에서나 저장 중에 전염되며 병에 걸린 씨감자가 중요한 전염원이 된다. 씨감자가 썩으면 세균은 흙 속의 물과 같이 이동하여 새로운 괴경을 오염시킨다.

온대 지방에서 병원균은 병에 걸린 식물의 잔사물에서 겨울을 날 수 있지만, 비기주 작물과 돌려짓기를 하면 병원균의 생존율을 크게 낮출 수 있다. 썩은 감자나 채소류에서도 병원균이 생존할 수 있으며 물, 곤충과 비바람에 의하여 새로운 밭으로 옮겨질 수 있다. 수확한 감자를 선별하고 저장할 때 세균은 병에 걸린 괴경에서 건전한 괴경으로 상처를 통하여 쉽게 전파되므로 기계적인 상처의 발생을 최소화하여야 한다.

다. 방제법
병에 걸리지 않은 건전한 씨감자를 심고 토양에서 세균의 발생을 최소한으로 줄이기 위하여 비기주 작물을 돌려짓기한다. 감자를 재배할 때 물이 잘 빠지는 토양을 선정하고 물관리를 잘하여 감자밭이 너무 습하지 않게 해야 한다.

또한 병에 걸린 식물체와 괴경은 1차 전염원이 되므로 밭에서 제거하고 씨감자인 경우는 가능한 한 일찍 수확하여 병원균에 노출되는 기회를 줄여야 한다. 감자를 캐거나 저장할 때 괴경에 상처가 나지 않도록 하고 오랫동안 저장할 경우에는 되도록 감자를 완전히 말려준다. 또한 저장고 안에 강제로 바람을 불어넣어 괴경 표면에 형성되는 수막을 제거하고 온도 변화를 줄인다.

감자의 줄기를 공격하고 덩이줄기를 무르게 하는 병으로 감자를 재배하는 곳에서는 대부분 발생한다.

가. 피해 증상

감자 생육 초기단계에 많이 발생하고 병에 걸린 식물의 줄기는 전형적으로 검은색으로 썩으며 줄기가 흙과 맞닿는 지제부에서 시작하여 줄기 전체가 검은색으로 변하여 썩는다. 병에 걸린 식물체는 키가 작고 생육 초기에는 뻣뻣하게 직립하는 경향이 있으나 지상부 잎이 누렇게 변하고 소엽의 끝이 위로 말리며, 결국은 식물체 전체가 시들어 천천히 구부러져서 죽는다.

습한 기후에서는 부패가 심하게 진행되어 물러지며, 식물체 전체로 퍼지지만 건조한 조건에서는 병에 걸린 조직이 마르고 병증상(병징)이 줄기와 흙이 맞닿는 지제부 아래로 한정된다. 병에 걸린 식물에서 수확한 괴경은 땅속줄기가 이어지는 기부에서 약한 유관속 변색에서부터 괴경의 정부가 썩는 증상까지 보인다.

나. 발생 생태

온도가 낮고(18~19℃) 토양이 습할 때 발생하기 쉽다. 감자를 심을 때 온도가 낮고 습한 토양 환경은 식물체의 출현 후에 이 병이 잘 걸리게 하고 높은 토양 온도에 의해 발생이 조장된다. 일부 작은 크기의 토양 해충이 버려진 감자더미나 병든 감자에서 나온 병원균을 건전한 감자가 자라는 지역으로 옮겨가게도 하지만 보통은 비바람이나 물에 의해 병원균 전파가 이루어진다.

다. 방제법

물이 잘 빠지는 곳에 감자를 심고 씨감자 조각의 부패와 괴경을 공격하기 좋은 조건이 되지 않도록 너무 물을 많이 주지 않아야 한다. 씨감자 조각은 감자를 심기 전 다른 병원균의 침입을 막기 위하여 절단면을 치유하거나 적당한 살균처리를 한다. 버려진 감자더미나 기주가 되는 채소는 주변에서 철저하게 제거한다.

감자더뎅이병(瘡痂病, Common Scab)

더뎅이병은 감자를 재배하는 대부분의 지역에서 나타나며 감자 품질 중 특히 외관에 큰 영향을 미치는 병해이다.

가. 피해 증상

덩이줄기에 나타나는 증상은 보통 원형이며 지름 5~8mm이지만 병무늬(병반)가 합쳐져서 나타날 때는 모양이나 크기가 불규칙하게 나타난다. 감염된 조직은 밝은 황갈색에서 갈색까지 다양하고 이들은 표면이 코르크층 모양, 1~2mm 크기의 방석모양 돌출형, 그리고 7mm 크기로 덩이줄기 내부로 확대되는 움푹한 증상으로 나누어진다.

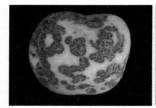  

〈그림 10-13〉 표면형(왼쪽), 함몰형(가운데), 융기형(오른쪽) 증상

나. 발생 생태

병원균은 5~40.5℃에서 자라며 최적 온도는 25~30℃이다. 기주식물은 근대, 사탕무, 무, 순무, 당근 등이며 심하게 병에 걸리면 거의 경제적 가치를 가질 수 없을 정도로 치명적이다.

더뎅이병은 씨감자를 통해 실질적으로 토양에 유입된다. 감자의 이어짓기는 일반적으로 더뎅이병의 피해를 증가시키는데 반대로 이어짓기 사이의 기간이 길어짐에 따라 더뎅이병의 정도는 일정한 수준으로 줄어든다. 덩이줄기가 형성되고 굵어지는 동안의 적절한 토양 습도의 유지는 더뎅이병 발생 정도를 줄이는 데 중요하며, 괴경 착생 후와 비대기 동안의 정기적인 물관리는 더뎅이병을 상당 수준 감소시킨다.

가장 좋은 토양 습도는 재배지 용수량* 정도인데, 이것은 감자 성장을 위해서도 최적의 상태이다. 병에 걸린 밭에서 감자를 심고 물을 주지 않으면 특히 감수성** 품종에서 더뎅이병 발생이 증가한다.

Tip

재배지 용수량*
자연상태의 흙에서 중력에 의해 물이 떨어진 후 토양에 유지되는 함수량

감수성**
식물체에 의해 나타나는 병에 걸리기 쉬운 성질

다. 방제법
더뎅이병 증상이 있는 씨감자의 사용을 금지하고 감자 이외의 비기주 작물과 돌려짓기를 하거나, 씨감자 파종 전에 풋거름 작물을 재배하여 토양에 투입하는 경우 발병도를 대폭 낮출 수 있다.

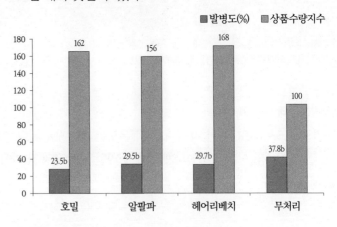

〈그림 10-14〉 풋거름 작물 종류별 감자더뎅이병 방제 효과 비교

덩이줄기가 달리고 굵어지는 4~9주 동안 물을 자주 주어 토양 습도를 높게 유지한다. 또 토양의 석회수준을 높이지 않도록 한다. 석회는 토양의 산도를 중화시키며 토양의 Ca-P율을 낮춘다. 망간 시비 또한 병원균의 밀도를 줄여주는 효과가 있다. 토양 pH를 낮추기 위하여 비료로 황과 산성 비료 등을 토양에 뿌려 섞어주기도 한다. 충분히 썩지 않은 퇴비를 많이 주지 말고 수확 후 병에 걸린 토양에서 뿌리나 잔감자 등의 잔사물을 철저히 제거한다.

감자풋마름병(靑枯病, *Bacterial Wilt*)
풋마름병은 우리나라 남부 지역에서 문제가 되고 있으며 확산 가능성이 높은 병해로 감자재배에 치명적인 피해를 준다.

가. 피해 증상
병에 걸린 식물체 잎줄기가 한낮 동안 시들었다가 저녁부터 아침 사이에 회복되는 현상을 며칠 동안 반복하다가 아침이 되어도 회복되지 않고 포기 전체가 말라죽는다. 이때 줄기를 잘라보면 표피에서 약간 떨어진 물관부가 갈변하고 희고 걸쭉한 즙액이 스며 나온다.

또 잎맥은 갈변하고 줄기에 갈색의 반점이 생기며 줄기와 흙이 맞닿는 지제부에 흑갈색으로 색이 변한 부분이 생긴다. 덩이줄기 표면에 암갈색의 변색부를 나타내는 수도 있으나 외관상 아무런 차이를 발견할 수 없는 경우도 있다. 그러나 감자를 잘라보면 물관부 부근이 둥글게 갈변되어 있고 흰 즙액을 배출하고 썩으면서 물러져 구멍(공동)이 생기며 악취가 난다.

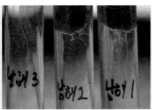

〈그림 10-15〉 풋마름병에 걸린 식물체, 줄기와 덩이줄기에서 나오는 세균

나. 발생 생태

병원균은 감자 외에 담배, 가지, 토마토 등의 작물에서도 나타난다. 병이 발생하는 조건은 온도가 높거나 비가 많이 온 경우이며, 뿌리의 상처가 가장 중요한 침투 경로이다. 토양 중 병든 덩이줄기에서 병원균이 겨울을 난 후 이듬해의 발병원이 된다. 이 병원균은 토양 중에서 3~4년 살 수 있으며 뿌리의 상처로 침입하여 물관 내에서 증식하여 잎줄기를 풋마름시킨다. 토양 전염성 병원균으로 씨감자나 다른 전염원 등으로도 전염되지만 주로 뿌리를 통해 줄기에 감염되고 줄기로부터 땅속줄기를 통해 괴경에 감염된다.

다. 방제법

방제를 위해서는 풋마름병에 감염되지 않은 무병 씨감자를 사용하고 재배 중 확산 방지를 위해 배수관리를 잘 해주어야 한다.

가짓과 작물이 아닌 비기주 작물을 선택하여 4~5년간 돌려짓기를 하면 토양 속 병원균의 밀도를 낮추는 효과가 있어 병 발생을 줄일 수 있다. 이미 병이 나온 밭은 병원균이 물속에서 오래 살지 못하므로 물을 가두어 처리하는 것이 효과적이다.

03 바이러스병

감자Y바이러스(*Potato virus Y, PVY*)

감자Y바이러스(PVY)는 매개충인 진딧물에 의해서 전염된다. 복숭아혹진딧물 (*Myzus persicae*) 포함하여 약 40여 종의 진딧물에 의해 매개된다. 세계 어느 지역 이든 감자를 재배하는 곳이면 쉽게 발생하는 것을 볼 수 있으며 감자잎말림바이러 스(PLRV) 다음으로 피해가 크고 발생율도 높다.

기주 범위는 비교적 넓어서 많은 가짓과 식물들과 명아주과 등에 잘 전이되고 재배 지에서 병든 감자와 담배 등이 중요한 전염원이 된다. 재배지에서 감자X바이러스 (PVX)와 복합 감염이 되면 보다 더 심한 증상(*synergistic effect*)을 나타내게 된다. 감자의 품종이나 재배 환경 등에 따라 차이는 있지만 증상이 비교적 약할 경우 10~ 30% 정도의 수량 감소를 초래한다.

가. 피해 증상

병징은 잎에 모자이크 또는 황화반점 증상이 나타낸다. 모자이크 병징은 PVY의 대 표적인 병징으로 품종에 따라 차이가 나타난다. 추백, 대서에서는 뚜렷한 모자이크 증상이 나타나지만 대지에서는 연하게 나타난다. 모자이크 증상은 바이러스에 감염 된 조직같은 경우 연한 녹색 또는 노란색을 나타내고 감염이 되지 않은 조직은 짙은 녹색를 나타내기 때문에 감자의 잎이 얼룩덜룩하게 나타난다. 병징은 아랫잎보다 3~ 4번째의 새 잎에서 관찰하는 것이 정확하고 잘 확인할 수 있다.

겨울시설재배의 경우 모자이크 증상은 은폐되어 관찰하기 어려우나 PVY에 감염된 감자 괴경은 붉게 변색되면서 표면이 거북등처럼 변하고 심한 경우 생강처럼 되는 괴경 이상 증상을 나타내기도 한다.
이 증상은 겨울철 저온에 의해서만 나타나고 일반재배 형태에서는 나타나지 않는 경향이 있다.

재배지에서는 진딧물에 의하여 감염이 되었을 경우 정단부 잎에 가벼운 엽맥투명 증상이 나타난다. 황화반점은 감수성인 품종에서 잎에 불규칙하게 노란색의 부정형 반점이 나타난다. 반점은 정확한 형태가 없고 가장자리의 경계가 뚜렷하지 않다. 환경 조건 등에 의해 바이러스의 병원성이 강할 경우에 나타난다.

특히 하령의 경우 PVY에 감염되면 저장 중에 감자 눈을 중심으로 넓은 원형을 나타내면서 조직이 함몰하는 증상과 조직이 변색되면서 표면이 융기되는 괴저 증상이 나타난다.

〈그림 10-16〉 감자Y바이러스에 의한 모자이크 병징(위, 좌) 및 황화 반점(위, 우) 병징 사진, 하령 감자의 괴경 괴저 증상(아래, B) PLRV 감염주에서는 병징이 없음(아래, A)

나. 발생 생태

이 바이러스병은 즙액 접종이 되기도 하지만 재배지에서는 일반적으로 진딧물에 의하여 전염된다. 현재 복숭아혹진딧물, 목화진딧물이 주로 전염을 시키는 것으로 알려져 있으나 그 외 조팝나무진딧물, 무테두리진딧물, 감자수염진딧물, 싸리수염진딧물 등이 전염율은 낮으나 전염시킨다는 보고가 있다. PVY는 PLRV와는 다르게 진딧물이 잎을 구침으로 찌를 때 구침에 묻어서 전염된다. 따라서 이병주나 진딧물이 많을 경우에는 순식간에 병이 확산된다.

PVY에 의한 감자의 수량 감소는 품종 및 재배 조건에 따라 차이가 있으나 평균적으로 추백이 30.9%, 대서 28.3%, 하령 19.3%, 수미 15.7%, 대지 10.9%로 나타났다.

다. 방제법

배춧과, 가짓과, 장미과 식물을 멀리 격리시킨다. 무병 씨감자를 파종하고, 토양에 살충제를 혼용하거나 진딧물 방제를 철저히 한다. 병에 걸린 포기는 빨리 없애고 진딧물 방제를 일찍 시작하면 후기 감염을 감소시킬 수 있다.

감자잎말림바이러스(*Potato leaf-roll virus*, PLRV)

복숭아혹진딧물(*Myzus persicae*)을 포함한 몇 종의 진딧물에 의해 영속적인 방법으로 전염되는 순환형 바이러스이다. 전 세계 감자를 재배하는 곳이면 어디에서나 발생하고 있으며 감자에 감염되는 약 30종의 바이러스 중 가장 피해가 큰 바이러스로 알려져 있다.

병 발생에 따른 수량 감소는 환경 조건, 재배 품종, 바이러스 계통에 따라 다르지만 일반적으로 65% 정도 수량 감소를 초래하는 것으로 알려져 있으며 감수성 품종의 경우 90% 이상의 생산량 저하를 초래해 경제적으로 가장 피해가 큰 바이러스에 속한다. 또한 씨감자 퇴화의 주요한 장애요인으로 작용한다.

가. 피해 증상

병징은 크게 당대와 차대감염으로 나눈다. 당대감염(1차 감염)은 정단부가 약간 퇴록하고 소엽의 기부가 안쪽으로 말린다. 때로는 소엽이 조금씩 자홍색을 띠며 조기감염은 중엽이 위로 말리게도 한다. 생육 후기에 감염되면 명확한 잎말림이 나타나지 않을 수도 있지만 잎이 딱딱해지거나 두꺼워지지도 않는다. 그러나 차대감염(2차감염)은 이 병주에 싹을 많이 내기도 하고, 하엽에서 잎의 끝이 위쪽으로 말려 숟가락 모양이 되고 심한 것은 잎이 원뿔형이 되며 잎말림현상은 점차 상엽으로 진전한다. 잎은 두껍고 빛이 바래며 손에 쥐면 푸석푸석 부서진다. 또 맥간에 부정형의 괴저 반점이 생기고 생육이 현저히 위축되어 포기 전체가 퇴록하고 직립하는 경향이 있다. 괴경은 소형이 많이 달려 수량 감소를 나타낸다.

Tip

보독충[●]
바이러스와 파이토프라스마 같은 병원체를 몸에 지니고 있어 기주 식물에 병을 전염할 수 있는 곤충

무시충^{●●}
날개가 없는 산란성의 암컷(진딧물)

유시충^{●●●}
날개가 있는 진딧물

〈그림 10-17〉 감자잎말림바이러스(PLRV)에 의한 하엽의 잎말림증상

나. 발생 생태

감자잎말림바이러스는 즙액에 의한 기계적인 전염은 되지 않으며 매개충인 진딧물에 의해 전염된다. 10종 이상의 진딧물이 이 바이러스를 전염시킨다고 알려져 있다.

잎말림바이러스의 진딧물 전염은 감자Y바이러스(PVY)

의 경우와 달라 오랜 시간을 흡즙해야 전염시키는데 이병식물에서 1~24시간 흡즙하면 전염능력을 가지며 보독충®은 건전 식물에서 2시간 이상 흡즙하여야 바이러스를 전염시킬 수 있다. 복숭아혹진딧물은 자색 계통이 황색 계통보다 전염율이 높으며 무시충®®과 유시충®®®의 바이러스 전염 능력에는 차이가 없다.

바이러스를 접종한 잎에서 괴경까지 바이러스가 이행하는데 소요되는 시간은 1~2주정도이나 개화 후의 식물체에서는 3~4주가 소요된다.

다. 방제법
무병 씨감자를 심고 진딧물의 기주가 되는 식물은 감자 재배지에서 격리시키는 것이 필요하고 토양 사용 혹은 경엽살포용 살충제를 철저하게 처리하여 매개충의 밀도를 낮춘다. 이병주는 조기에 발견하여 제거하면 이병률을 저하시킬 수 있다.

감자X바이러스(Potato Virus X, PVX)
감자X바이러스는 접촉에 의해 전염된다. 지상부 식물체의 접촉, 절단도, 농기구에 의해서도 쉽게 전염된다. 자연적인 감염에서는 대부분의 품종에 병징이 잘 나타나지 않거나 아주 약하지만 발병할 경우 15% 내외의 수량 감소를 나타낸다. 우리나라에서는 체계적인 혈청검정이 이루어지기 전인 1980년대 이전 씨감자 생산지대에 80% 이상의 PVX 감염률을 보인 적도 있었다. 그러나 최근에는 거의 발생이 없으며, 씨감자 생산체계가 상위단계로부터 하위단계로 이어져 내려가는 체계이므로 발생이 어렵다. 그러나 PVX의 전염 특성상 쉽게 접촉에 의해 전염되므로 항상 주의를 기울여야 한다.

가. 피해 증상
병징은 크게 나누어 모자이크병징과 괴저병징으로 크게 나눌 수 있다. 모자이크 증상의 이병주는 명백한 농담이 생기나 생육함에 따라 병징이 은폐되어 건전주와 별 차이가 없어 보인다. 그러나 개화기경이 되어 서늘한 날씨가 지속되면 다시 명료한 증상이 나타난다. 일반적으로 이병주는 건전주와 마찬가지로 생장하고 위축하지 않지만 병징은 중간엽에 많이 나타나며 하엽이나 정엽에는 나타나지 않는다. 병든 잎은 엽간이 퇴색하나 엽맥을 중심으로 한 부분은 퇴록하지 않는다. 괴저 병징은 전개한 잎에 흑갈색의 불규칙한 괴저 반점이 생기는데 그 수는 일정치 않다. 괴저 반점은 맥간에 생기며 심한 경우는 맥간 부분이 피상으로 보일 때도 있다. 보통 반점 주변이 퇴색되어 전체적으로 색이 여리고 하엽 중간엽에도 많이 나타나지만 포기 전체에 나타나지 않는 수가 많다. 식물체의 크기는 건전주에 비하여 크게 차이가 없으나 심한 경우는 약간 위축한다.

나. 발생 생태
이병주와 건전주의 접촉, 농기구, 옷, 동물의 털에 의하여 전염되며 씨감자 절단 시 절단칼에 의한 전염과 땅속 뿌리와 접촉에 의하여 전염되기도 한다. 생육 후기에 이병되면 괴경에 쉽게 이행이 되고 감염 후 즉시 괴경을 수확하거나 생육 말기에 이병 되면 괴경의 일부만 전염된다.

다. 방제법
무병 씨감자를 사용하고 조기에 이병주를 제거한다. 절단칼, 농기구를 소석회 포화액으로 소독하거나 가능한 식물체의 접촉을 피하는 것이 좋다.

감자S바이러스(*Potato Virus S*, PVS)
감자S바이러스는 접촉에 의한 기계적 전염과 매개충인 진딧물에 의해 전염하는 바이러스로 이병되면 소서율이 높아지며 감수률은 약 10~15%로 알려져 있다. 전 세계적으로 발생하며 우리나라에서 보고는 되어 있으나 발병 상황에 대한 자세한 기록은 없다.

가. 피해 증상

감자S바이러스(PVS)에 감염된 식물체는 일반적으로 병징이 은폐되어 외관상으로는 거의 드러나지 않는 경우가 많다. 우리나라에서 많이 재배하고 있는 품종인 수미에서도 거의 무병징인 경우가 많으며 서늘한 기상 조건일 때는 맥간에 퇴록의 작은 반점(Pin point)이 생기고 그 주변에 퇴록부가 터져 군데군데 모자이크 증상이 된다. 때로는 맥간부에 아주 작은 괴저 반점이 생기는 수가 있으며 심하면 약간의 파상을 보인다. 잎이 건전주에 비하여 농록이며 생육 후기에는 회록색이 된다.

나. 발생 생태

즙액으로 전염되며 특히 20℃에서 발병이 잘된다. 절단도나 재배지에서의 접촉에 의하여 감염되나 일반적으로 진딧물에 의한 전염은 되지 않는 것으로 알려져 있다. 그러나 외국에서 복숭아혹진딧물에 의하여 전염되는 PVS 계통이 있다는 보고가 있다.

다. 방제법

무병 씨감자를 사용하고, 씨감자 절단 시 절단도를 끓는 물에 소독하여 사용한다. 병든 식물체는 조기에 제거하고 포기와 포기의 접촉을 방지하기 위하여 광폭 재배를 한다.

감자M바이러스(*Potato virus M*, PVM)

감자M바이러스는 PVS와 유사하고 자연상태에서 진딧물에 의해 비영속 전염되며 수량에 대한 영향은 뚜렷하지 않으나 재배하는 품종에 따라서는 심하게 영향을 미칠 수도 있다. 우리나라에서 발생한 기록은 있으나 병원학적, 생태학적인 연구가 지속적으로 이루어지고 있지는 않은 실정이다.

가. 피해 증상

이병 씨감자에서 발아된 싹은 발아 후 1주일이 지나면 소엽이 아래쪽으로 만곡하고 잎 뒷면은 괴저가 생긴다. 잎의 표면은 광택이 있다. 소엽이 아래쪽으로 쳐지며 잎 가장자리가 약간 위쪽으로 말린다. 하엽에는 부정형의 괴저 반문이 있으며 아래쪽으로 쳐진다. 초세는 왜화하여 건전주의 1/3 정도가 되며, 개화기가 지나면 중증이라도 상엽과 중엽의 병징이 어느 정도 사라지고 잎의 세맥에 줄무늬 괴저가 생기는 정도이다. 그러나 때로는 병징이 은폐되어 외관상으로 건전한 식물체와 구분이 안 되는 경우도 있다.

나. 발생 생태

씨감자의 절단도에 의하여 전염되며 어린 눈의 접촉에 의해서도 전염된다. 생육 중의 뿌리 또는 경엽의 접촉에 의한 전염 가능성도 배제할 수는 없다. 우리나라에서 보고된 PVM 계통은 진딧물 전염을 하지 않으나 외국의 어떤 계통들은 복숭아혹진딧물에 의하여 전염된다고 알려져 있다.

다. 방제법

무병 건전씨감자를 사용하고 이병주를 조기에 제거한다. 진딧물 방제를 철저히 하고 잎이 접촉하지 않도록 광폭재배한다.

담배얼룩바이러스(*Tabacco rattle virus*, TRV)
가. 피해 증상

저항성이 약한 품종은 괴경에 병징이 발생하며 전형적인 병징은 괴경 내부 육질에 활모양의 괴저반점이 생기거나 괴경 표면에서도 유사한 증상이 나타난다. 괴경에 발생한 병은 잎으로 쉽게 전염되지 않지만 씨감자에서 유래한 경우 새로 나온 줄기에 감염되어 여러 가지 형태로 병징이 심하게 발전하며 잎이 울퉁불퉁한 축엽*과 기형이 되거나 괴저반점, 노란반점이 생기며 크지 못한다.

나. 발생 생태

이 바이러스병은 토양에 분포하는 병원 매개 선충에 의하여 경토나 사토에서 주로 발생한다.

다. 방제법

TRV는 감자 품종에 따라 감수성에 현저한 차이가 있으므로 저항성 품종을 사용하고 바이러스를 매개하는 선충을 방제하기 위하여 토양 소독제를 사용하면 발생을 줄일 수 있다.

중심공동(Hallow Heart)

가. 피해 증상

대개 공동(구멍)은 덩이줄기의 중심부 주위에 형성된다. 여러 품종에서 공동은 코르크 조직에 둘러싸여 있는 소형의 별모양 또는 몇 개의 구멍이 연결되어 있는 것들이 있다. 주로 전분함량이 많은 가공용 감자 품종이나 하령 등에서 많이 발생하는데, 괴경을 잘랐을 때 공동의 내부 벽은 희거나 엷은 황갈색인 경우가 많다. 공동이 발달하기 전에 중심부 조직은 수침상*으로 되거나 또는 투명화된다.

나. 발생 원인

질소질 비료를 많이 주거나 온도가 높고 습도가 높을 때와 불안정한 기상 환경, 퇴비의 과다 사용 등으로 괴경이 빠르게 굵어질 때 발생한다. 포기 사이가 너무 넓거나 중간에 포기가 빠져 빈포기(결주)가 발생할 경우, 또는 포기당 줄기 수가 1~2개로 적어 소수의 괴경이 달릴 때 발생하는 경우가 있다.

또 수분 변동에 의해 2차 생장이 장애를 받거나 외부 수분과 중심부의 생장이 불균형을 이룰 때 그리고 중심부에 탄수화물의 공급이 부족하여 생장이 제한되는 경우

Tip
수침상*
병환부 및 그 주변 조직에 물이 스며들어간 것 같은 증상

에 발생한다. 감자가 한창 자랄 때 경엽고조제의 처리나 토양 pH가 높은 경우에도 중심공동이 많이 발생할 수 있다.

다. 방제법
감자 품종에 따라 발생 정도가 다르고 그 형태도 다르므로 발생이 적은 품종을 선택하여 재배한다. 좁게 심고 일정한 간격으로 심으면 포기 간 경쟁이 증가해 괴경이 빨리 자라는 것을 막을 수 있어 중심공동의 발생을 줄일 수 있다. 일반적으로 비료를 적당히 주고 북을 충분히 주며 일정한 생장이 가능하도록 토양 수분을 적절하게 조절한다.

내부 갈색반점(Internal Brown Spot, Internal Heat Necrosis)

가. 피해 증상
생육기간 중 어느 때나 발생할 수 있으며 괴경 비대 직후나 활발한 비대기 동안에 흔히 발생하는데 괴경 표면에는 증상이 거의 없고 감자를 잘라보면 크고 작은 불규칙한 갈색 반점이 다수 산재되어 나타난다. 변색 부위 세포는 죽어서 코르크 상태가 되는데 이 부분은 전분립이 거의 소멸되어 비중이 낮아지고 식용으로도 곤란하다. 이 증상 또한 큰 감자에서 많이 발생한다.

나. 발생 원인
정확한 원인은 밝혀지지 않았지만 영양생장을 유지하기 위한 수분과 다른 양분의 재흡수 때문이라고 하며, 엉성한 토양, 온도가 높고 건조한 기후, 너무 높거나 낮은 토양 온도와 관계가 있다고 알려져 있다. 우리나라에서 재배하는 감자 품종 중 남작,

수미, 조풍에서는 발생이 적으며 대서, 고운 등은 발생이 심한 편이다.

다. 방제법

토양의 수분을 일정하게 유지하기 위하여 퇴비를 충분히 사용하고 괴경의 급격한 비대를 억제하면 발생을 줄일 수 있다. 감자 심는 시기를 조절하여 고온 건조기를 피하고 식물체와 덩이줄기가 스트레스를 일으키지 않도록 하며 재배 기간 중에 균일한 생육이 되도록 물과 비료량을 적절히 조절한다.

흑색심부(Black Heart)

가. 피해 증상

괴경의 표면에는 별다른 변화가 없으나 내부의 변색이 눈 부위까지 미쳤을 때는 외피가 갈변하고 움푹 들어간다. 괴경 내부의 중심부가 흑색 혹은 흑회색으로 되는 증상이 나타난다.

고온과 저온, 산소 결핍 상태에서 흑색심부병이 생기면 변색의 윤곽이 명확하게 나타난다. 형태는 불규칙하여 옅은 회색이 산재할 때도 있지만 증상이 진전하면 중심부가 공동이 될 때도 있다. 변색부는 수분을 빼앗겨 굳어지지만 실온에 두면 부드러워진다.

나. 발생 원인

흑색심부병은 덩이줄기의 내부 호흡 시 산소 공급이 부족할 때 나타난다. 온도가 너무 높을 때 바람이 잘 통하지 않으면 발생하지만 온도가 너무 낮을 때에도 환기가 되지 않으면 발생할 수 있다. 주로 저장이나 수송 중인 감자에

Tip

녹화
어두운 곳에서 생육한 황화경 엽을 광조사할 때에 일어나는 녹색화현상

서 발생하며 호흡작용이 왕성해지는 봄철에 많이 발생한다. 흑색심부 증상은 5℃에서보다 0~2.5℃에서 더 빨리 발생하지만 괴경 내부에서 가스 확산이 급속히 이루어지지 않기 때문에 36℃ 이상 혹은 0℃ 이하에서도 발생한다.

공기가 부족한 깊숙한 저장고나 밀폐된 용기에서 괴경을 저장할 때 나타나는 생리적인 장해로, 최근 우리나라에서 씨감자를 싹틔우기 위하여 PE필름하우스 내에 보관할 때 갑자기 낮은 온도에서 높은 온도로 옮기거나 바람이 잘 통하지 않아 발생하는 경우가 많다.

다. 방제법
심기 전 씨감자를 보관할 때 온도가 너무 올라가지 않도록 주의하고 저장 중 바람이 잘 통하게 하며 적온(3.5~4.5℃)에 보관하는 것이 안전하다. 씨감자 싹을 틔울 때 하우스 내부 온도가 너무 높아지지 않도록 하고 자주 환기를 해주어야 한다. 멀칭재배 시 온도 상승에 주의하고 저장기간이 오래되지 않도록 보관한다.

일소 및 녹화(Greening)

가. 피해 증상
녹화는 덩이줄기(괴경) 표면이 녹색으로 변색되며 심한 것은 녹화가 후피까지 미치고 화농은 미숙 감자가 햇볕에 노출될 때 생기며 표면이 갈색이 되어 감자가 딱딱해지면서 검게 변한다.

나. 발생 원인
감자 덩이줄기를 며칠 이상 가시광선에 쪼이면 표피가 녹화[●]되는데 표피 바로 밑에 나타나는 녹색은 엽록소가 존재한다는 것을 나타낸다. 녹화가 되는 부위는 표피에서 3.2mm 이상까지는 엽록소가 형성되지 않고 그 생산량도 적은 양으로 한정된다. 감자 녹화의 경제적 중요성은 이것이 시장 가치가 없고 쓴맛을 가진 녹화된 감자는 먹을 수 없다는 점이다. 이런 엽록소의 발생을 방지하려면 북을 깊게 주고, 감자를 캔 후 직사광선에 오랫동안 노출시키지 말아야 한다.

다. 방제법

보통 녹화는 북을 제대로 주지 않았을 때 발생하기 쉽다. 급속한 덩이줄기 비대를 목적으로 한 멀칭재배도 북을 주지 않으면 녹화율이 10%에 이르게 된다. 남작에서는 직사광선을 받지 않아도 1~2cm 정도로 얇게 북을 주면 녹화되는 경우가 있다. 특히 감자칩용 원료감자들은 녹화되면 칩색이 나쁘고 아린 맛이 나기 때문에 주의하여야 하며, 표면이 거칠거칠한(러셋트 형) 품종은 녹화에 비교적 저항성 반응이 있다고 알려져 있다.

05 충해

복숭아혹진딧물(Green peach aphid, *Myzus persicae* Sulzer)
복숭아혹진딧물은 우리나라뿐만 아니라 일본, 중국 등 아시아와 유럽, 미국에 광범위하게 분포되어 있다. 세계적으로 66과 300여 종의 식물에 피해를 주는, 기주 범위가 아주 넓은 해충으로 알려져 있다.

가. 피해 증상
진딧물 성충 및 약충이 즙을 빨아먹어(흡즙) 생육이 지연되는 직접 피해보다는 바이러스병을 옮기는 간접 피해가 더욱 심각하다. 잎이나 줄기는 물론 꽃이나 열매도 흡즙하는 등 식물체의 양분이 소실되고 잎이 오그라지거나 말리는 기형을 일으키기도 한다. 또 감로를 분비하여 그을음병을 유발하기도 하는데 그을음병이 발생하면 광합성이 저해되고 2차 감염이 발생한다.

나. 발생 생태
복숭아나무, 매실, 자두나무의 겨울눈이나 나무껍질 속에서 알로 월동하며 5월 중순경 유시충이 되어 여름기주(고추, 배추, 감자, 담배, 목화 등)로 이동한다.

여름기주에서는 단위생식을 계속하다가 일장이 짧아지는 늦가을이 되면 다시 유시충으로 되어 산란성 암컷이 되며 겨울눈 부근에 알을 낳고 알 상태로 겨울을 지낸다. 빠른 세대는 23회, 늦은 세대는 9회 정도 발생한다. 감자의 하위엽에 주로 많이 기생하고 13℃ 이상이면 발생이 많아진다. 또 기온이 높고 가뭄이 심할 때 많이 발생하며 습하고 기온이 낮으며 비가 많이 올 때와 안개가 많이 끼는 지역에서는 발생이 적다.

다. 방제법

일단 진딧물이 감자밭에 날아들기 시작하면 빠른 속도로 증식하므로 이에 따른 감자 바이러스병의 만연이 우려된다. 따라서 감자 재배지에서의 진딧물 방제는 초기 방제에 모든 힘을 기울여야 한다.

그러기 위해서는 씨감자를 심기 전에 입제형* 살충제와 토양 처리제를 섞어서 밭에 뿌려야 한다. 처음 진딧물이 날아온 이후 진딧물 대량 비래기 즈음하여 경엽처리제를 잎 뒷면까지 완전히 젖도록 살포한다. 이때 7~10일 간격으로 2~3회 살포하는데, 반드시 다른 계통의 약제를 교호 살포하여 저항성 유발을 방지할 필요가 있다.

최근 살충제 저항성 문제가 심각하여 약제 선택에 주의를 기울여야 한다. 흡즙에 의한 직접적 피해보다는 바이러스병 매개에 의한 간접적 피해가 더 크므로 씨감자 재배지에서 아주 적은 수의 진딧물이라도 발견되면 즉시 약제를 처리하여야 한다.

일반적인 진딧물 방제법과 마찬가지로 약제를 이용한 화학적 방제법을 비롯해, ① 작물이 싹트는 시기에 망사나 PE필름 등을 이용해서 진딧물의 접근을 차단하는 방법, ② 밭 주위에 키가 큰 작물을 심어 진딧물이 날아드는 것을 줄이는 방법, ③ 진딧물이 싫어하는 색깔인 백색이나 청색테이프를 밭 주위에 쳐놓고 진딧물의 비래를 막는 방법, ④ 진딧물의 기주식물이나 전염원이 되는 작물을 미리 제거해 진딧물 발생을 줄이는 방법 등으로 방제할 수가 있다.

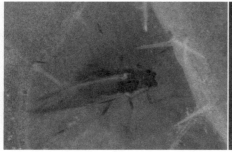

〈그림 10-18〉 복숭아혹진딧물 유시충(왼쪽) 및 무시충(오른쪽)

청동방아벌레(Wireworm, *Selatosomus puncticollis* Motschulsky)

우리나라에서 보고된 방아벌레류는 83종 정도이지만, 그 중에서 약 4종이 감자에 해를 입히며, 대관령 씨감자 재배 지대에서 발견되는 방아벌레의 대부분은 청동방아벌레(*Selatosomus puncticollis*)이다.

가. 피해 증상

청동방아벌레는 감자의 주요한 토양 해충으로 유충이 땅속에서 감자 괴경 속을 뚫고 들어가 터널을 만들며 해를 입힌다. 씨감자에 유충이 침입하면 생육이 불량해지며, 어린 감자에서는 표면을 갉아먹다가 중앙까지 파고 들어간다. 피해를 입은 괴경은 검은무늬썩음병과 둘레썩음병 등 토양 병원균의 침입을 조장하게 된다. 또한 부패를 일으키며 상품 가치를 잃고 저장 중에도 부패를 일으키기 쉽다.

나. 발생 생태

방아벌레는 환경에 대한 적응력이 매우 강해서 어느 정도 성숙한 유충은 토양 중에 적당한 먹이가 없더라도 오랜 기간 견딜 수 있기 때문에 효과적인 방제법이 아직 확립되어 있지 않은 실정이다. 성충은 5월 상순~6월 하순에 발생한다. 이때 교미 후 산란하고 부화한 유충은 땅속에서 2~3년 동안 활동한다. 대부분의 감자 피해는 발육 2~3년째인 유충에 의해 초래된다.

다. 방제법

다른 해충과 달리 유충기간이 매우 길어서(2~3년) 일 년 내내 재배지에서 유충이 발견되므로 지하부에 나타는 괴경 피해는 심을 때부터 수확 때까지 계속된다. 따라서 유충을 효과적으로 방제하기 위해서는 토양 살충제를 씨감자를 심기 전후로 토양 전면 살포한 후 잘 경운하여 약제 효과가 골고루 퍼지도록 한다. 재배 기간 중의 2차 방제를 위해서는 먼저 토양 내 방아벌레 유충 밀도를 조사한 후 1m²당 4마리 이상이 발견되면 파종 시 살포한 것과는 다른 토양 살충제를 토양 전면 살포하거나 골 주변에 살포하여주는 것이 좋으나, 1차 처리만큼의 효과는 기대할 수가 없다.

〈그림 10-19〉 방아벌레 성충(왼쪽), 유충(가운데) 및 피해 괴경(오른쪽)

파밤나방(Beet Armyworm, *Spodoptera exigua* Hubner)

파밤나방은 세계적으로 40과 200여 종의 기주식물을 가해하는 광식성(poly-phagous) 해충의 하나이다. 우리나라에서는 1986년 이후부터 남부 지방의 밭작물을 중심으로 발생량이 급증하고 있고 최근에는 노지감자의 생육 초기부터 경엽무성기까지 잎을 가해하여 많은 피해를 주고 있다. 파밤나방은 기주 범위가 광범위하여 채소, 화훼, 밭작물, 특작물, 잡초 등 거의 모든 식물에 해를 입히는 해충으로 경제적 피해가 심한 농작물 해충 중 하나이다.

가. 피해 증상

감자잎을 잎맥과 함께 섭식함으로써 심하게 피해를 입은 재배지에서는 감자의 줄기와 주맥만이 앙상하게 남아 있고 검은색의 배설물이 경엽 주위에 지저분하게 남겨진다. 특히 최근에는 감자뿔나방, 담배거세미나방과 더불어 노지감자 재배지에서 큰 피해를 주고 있다. 감자밭에서는 잎줄기 출현기부터 유충 피해가 관찰되며 잎줄기가 무성한 시기를 즈음하여 피해가 크게 발생한다.

나. 발생 생태

부화 유충에서 5령 유충까지는 9~23일이 소요되며 번데기 기간은 5~14일이다. 난 기간은 4~5일인데 온도가 높을수록 부화기간은 빨라진다. 남부 지방에서는 6월 상순부터 11월 하순까지 발생하며 연 4~5회 정도 발생한다. 발생최성기는 9월 중순경이다. 월동은 중부 지방에서는 불가능하지만 시설하우스 내에서 재배되는 식물에는 연중발생한다.

다. 방제법

장거리를 이동하는 해충이면서 살충제에 대한 저항성 획득이 매우 빨라 약제 선택이 아주 중요하다. 뿐만 아니라 합성 성페로몬을 이용하여 수컷 성충을 대량 유살하거나 교미교란법 등 생물적 방제법이 가능하다. 1~2령의 어린 유충기간에는 비교적 약제에 대한 감수성이 있는 편이나, 3령 이후부터 노숙 유충이 되면 약제에 대한 내성이 증가하고 한편 줄기 속에 들어가 가해하므로 약제에 노출될 기회가 적어져 방제가 어렵다. 발생량이 많을 때에는 살충제를 7~10일 간격으로 2~3회 살포하여야 효과적이다.

〈그림 10-20〉 파밤나방 유충에 의한 피해 감자잎(왼쪽) 및 유충(오른쪽)

큰28점박이무당벌레(Larger Potato Lady Beetle,
Henosepilachna vigintiocto maculata Moschulsky)

산지와 평지가 겹쳐지는 산간밭 부근에서 많이 발견되는데, 한국, 일본, 대만, 중국, 사할린, 시베리아 동부에 주로 분포한다. 특히 구기자에서는 중요한 농작물 병해충발생 예찰대상 해충이다.

가. 피해 증상

주로 가짓과 작물의 잎을 가해하는 식물을 먹는 해충으로, 이른 봄부터 늦가을에 걸쳐 유충과 성충이 감자잎의 뒷면에 살면서 잎맥과 표피만 남기고 잎살(엽육)을 먹어치워 피해 잎은 잎맥만 그물처럼 남는다. 회백색의 피해 잎은 갉아먹은 이빨자국이 뚜렷하나 차츰 갈색으로 변하고 오그라들면서 구멍이 생긴다. 감자의 괴경 형성기에 피해가 특히 심한데, 이런 경우에는 수량에 미치는 영향이 매우 크다.

나. 발생 생태

1년에 2회(산간지)~3회(평지) 발생하며 월동한 성충이 이른 봄부터 활동하는데 낮에는 나와서 감자 잎을 갉아먹고 밤에는 월동장소에 숨는다. 밭에서 성충이 눈에 띄는 것은 보통 5월 중하순경이며 이때는 밤낮 없이 밭에서 쉽게 발견된다.

6월 중순부터 9월 상순까지는 밭에서 성충, 알, 유충, 번데기 태를 모두 볼 수 있다. 알은 식물체의 아랫부분에 있는 잎의 뒷면에 주로 낳으며, 1개씩 세워서 규칙적으로 붙여 놓는데 산란한 지 7일 정도 지나면 부화한다. 유충 기간은 약 한 달 정도이며 번데기에서 성충이 되는 데는 약 7~8일 걸린다.

〈그림 10-21〉 큰28점박이무당벌레 성충 피해감자(왼쪽)와 유충(오른쪽)

다. 방제법

월동 성충이 5월 초부터 발생하므로 감자를 심은 후 경엽 출현기부터 계속적인 관찰이 필요하다. 큰 피해를 주지 않는 밀도라면 초기 방제가 별 의미가 없으나, 1회 성충이 발생하는 시기인 6월 중순경에 유충, 성충이 다량 발생하면 적용 약제를 살포해야 한다. 현재 이 해충을 방제하기 위한 약제로는 카바릴수화제(세빈)가 유일하게 품목 등록되어 있으며 포장지의 지시사항에 따라 처리하도록 한다.

감자뿔나방(Potao Tuber Moth, *Phthorimaea operculella zeller*)

감자뿔나방이 우리나라에 침입한 경로는 발생지 조사 및 경작자에 대한 청취 조사 결과로 미루어볼 때 1963~1964년 일본에서 도입한 씨감자를 통해 제주도에 먼저 침입한 뒤 점차 남부 지역으로 퍼진 것으로 추정된다.

최근 온난화와 더불어 매년 남부 지방은 물론 강원 북부 일부 지역을 제외하고는 거의 전국에 발생하는 것으로 조사되었다.

가. 피해 증상

가짓과 작물, 특히 감자의 세계적인 중요 해충으로 유충이 식물의 잎, 줄기, 괴경 등에 해를 입힌다. 잎의 표피를 파고 들어가 표피만 남기고 잎살(엽육)을 먹어버리므로 작물이 바람에 부러지기 쉽다. 피해 부위가 투명해져 발견하기 쉬우며, 똥을 한쪽 구석에 배설하여 피해부는 투명하게 보이지만 똥이 있는 곳은 흑색으로 보인다.

저장고 감자에도 큰 피해를 주는데, 성충이 주로 감자의 눈에 산란하므로 부화 유충이 파먹어 들어가면 이곳에서 그을음 같은 똥이 배출되며, 유충이 커지면 배출되는 똥도 커지고 괴경의 표면에 주름이 생긴다.

나. 발생 생태

최근 3년간 페로몬 트랩을 이용한 전국 발생 조사를 한 결과 강원 북부 일부 지역을 제외한 거의 전국에 걸쳐 분포하고 있다. 연중 6~8회 발생하며, 휴면은 하지 않고 유충 또는 번데기로 월동하는데 감자 저장고 안에서는 각 발육단계를 동시에 볼 수 있다. 성충은 행동이 매우 민첩하며, 야행성이어서 낮에는 그늘에 숨어 있다가 밤에만 활동하는데 해가 진 후 4시간 동안 가장 활동이 왕성하며 산란도 이때 한다. 부화 유충은 산란된 장소에서 가까운 곳으로 먹어 들어가는 것이 보통이지만 실을 토하여 먹이를 찾아 이동하기도 한다. 다 자란 유충은 번데기가 될 장소를 찾아 식물체 내에서 탈출해 땅속, 낙엽 밑, 줄기의 거친 면 사이 등에서 번데기가 된다.

〈그림 10-22〉 감자뿔나방 성충(왼쪽), 피해 괴경(가운데), 피해 잎(오른쪽)

다. 방제법

감자 저장고뿐만 아니라 가을감자 재배 시에 큰 문제가 될 우려가 있으므로 밭에서의 발생을 세밀하게 관찰할 필요가 있다. 재배지에서 다양한 방법으로 발생을 예찰한 후 유충이 식물체에서 발견되면 등록된 약제를 7일 간격으로 경엽처리한다. 저장고 내 감자뿔나방 성충을 잡기 위하여 외국에서는 감자뿔나방 페로몬 트랩을 저장고에 설치하여 유살시키는 방법을 쓰기도 한다.

흑다리잎굴파리(Pea leaf miner fly, *Liriomyza huidobrensis*, Branchard)

이 해충은 경제적으로 중요한 채소류, 화훼류에 피해를 주는데 온실과 노지에서 모두 다 발생한다. 기주 범위도 넓어서 14개과의 작물을 가해한다(토마토, 완두, 상추, 고추, 브로콜리, 국화 등). 발생 원산지는 남미의 추운 고랭지로 알려졌으나 현재는 온대 및 열대 전 지역으로 확산된 것으로 알려졌다. 우리나라에서는 2012년에야 이 해충이 감자에도 가해하고 있음이 밝혀졌으며, 최근 조사에 의하면 전국적으로 확대된 것으로 보고된다.

가. 피해 증상

유충은 잎이나 줄기 속에서 굴을 파고 다니면서 식물체의 잎살(엽육)을 갉아먹어 피해를 준다. 암컷 성충은 산란관으로 잎의 표면에 구멍을 뚫어서 유출된 즙액을 빨아먹어 파먹은 흔적(식흔)을 남기고, 일부 구멍에는 알을 1개씩 낳아 산란흔(産卵痕)을 생기게 한다. 이러한 파먹은 흔적(식흔)과 산란흔은 육안으로 구별하기 어렵지만 보통 파먹은 흔적(식흔)은 동그랗고 산란흔은 타원형이다.

피해 잎은 초기에는 피해 부위가 흰색으로 되었다가 점차 갈색으로 변하여 말라 죽는다. 곰팡이나 세균들이 갱도에 들어가면 병을 발생시켜 간접 피해를 주기도 한다.

나. 발생 생태

알에서 부화한 유충은 잎조직 내에서 뱀처럼 구불구불한 굴을 파고 다니면서 피해를 주다가 종령유충이 되면 잎의 표피를 뚫고나와 잎 위나 토양 위로 굴러떨어져 번데기가 된 후 성충이 된다. 30℃ 이상의 고온과 10℃ 이하의 저온에서는 발육이 불량한 것으로 알려졌다. 우리나라에서는 연 3~4회 발생하며, 가온 온실에서는 1월부터 발견되고 기온이 오르기 시작하면 노지로 이동하여 가해한다.

다. 방제법

흑다리잎굴파리는 증식력이 높고 알과 유충은 식물조직 속에, 번데기는 흙 속에 존재하므로 1~2회 약제 살포로는 만족할 만한 방제 효과를 얻기 어렵고, 약제에 대한 저항성을 쉽게 획득하므로 방제하기가 어려운 해충으로 인식되고 있다. 효과적인 방제를 위해서는 하우스 내에 한랭사*를 설치하여 성충의 유입을 차단하고 유충의 피해가 없는 건전한 묘를 선택하는 것이 중요하다. 또 황색 점착리본을 이용하여 성충의 발생을 조기에 발견하여 초기에 방제하는 것이 중요하다. 약제방제는 번데기에서 우화(羽化)하는 성충이나 조직의 알에서 깨어나는 유충을 대상으로 방제전용약제를 5~7일 간격으로 3회 정도 살포하는 것이 효과적이다.

〈그림 10-23〉 흑다리잎굴파리 피해 잎(왼쪽) 및 성충 모습(오른쪽)

오이총채벌레(Melon Thrips, *Thrips palmi Karny*)

1993년 11월 제주도에서 일본 수출용으로 재배되는 꽈리고추에서 처음 발생이 확인된 해충으로 정확한 유입경로는 알 수 없으나 일본에서 수입된 화훼류 묘목에 묻어 들어온 것으로 추정되고 있다. 현재까지 경기도 용인, 전남, 대구, 경남, 제주도 등에서 발생이 확인되었으며, 주로 제주도 및 남부 지방을 중심으로 시설재배 작물에서 급속히 발생하고 있고 그 피해 지역 또한 점차 확대되고 있다.

가. 피해 증상

유충과 성충이 모두 기주식물의 잎, 꽃, 줄기, 열매 피해를 준다. 피해 증상은 식물 및 가해 부위에 따라 차이가 있다. 순 부위에 피해를 받으면 새로 나오는 어린 잎이 위축된다. 감자 재배지에 발생한 경우 외관상으로는 가뭄으로 인한 생육 부진으로 잎이 쭈글쭈글해져 바이러스병으로 오인할 우려가 있는데, 해충이 너무 작아 쉽게 발견하기 어려워 해충 방제를 소홀히 하여 큰 피해를 받을 위험도 있다.

나. 발생 생태

오이총채벌레는 양성생식**과 단위생식***을 하며, 성충과 유충이 식물체에 해를 입힌다. 성충은 식물의 조직 속에 알을 낳으며, 주로 토양 속에서 번데기가 된다. 야외에서는 1년에 약 11세대, 온실에서는 1년에 약 20세대를 경과하여 발생한다. 발육기간은 먹이와 온도 조건에 따라 차이가 있으며, 온도가 높을수록 발육기간이 짧아지고 산란 수는 20~25℃에서 가장 많다. 늦가을부터 이른 봄까지 기온이 낮은 겨울 동안에는 시설재배 작물에서 발생하고 여름에는 노지작물로 옮겨와 발생하며, 시설 내에서는 연간 15세대 이상 발생이 가능하다.

다. 방제법

오이총채벌레는 기주 범위가 넓고 번식력이 강하여 밀도가 높을 경우 약제 살포로는 방제가 어려운 해충이므로 발생 초기부터 철저히 방제하여야 한다. 그러기 위해서는 발생 초기에 발견해야 하는데, 작물의 꽃이나 꽃받침 부위, 시들은 꽃잎 부위에 많이 존재하므로 이런 부위의 밑에 흰색 종이나 책받침을 대고 식물체를 톡톡 쳐 건드리면 이 해충이 떨어진다.

방제 방법으로는 밭 주위 환경을 깨끗이 하고 수확 후 잔재물은 땅속 깊이 묻거나 불에 태운다. 밭에서의 약제 방제는 초기 방제를 원칙으로 연속적으로 여러 차례 방제를 실시해야 만족할 만한 성과를 거둘 수 있다. 시설재배에서는 출입문과 환기창에 망사를 씌워 성충의 침입을 막고, 또한 은색비닐로 덮거나 총채벌레가 잘 유인되는 흰색 끈끈이판을 시설 내에 설치하여 성충을 유인해 죽인다. 여름철에는 작물재배가 끝난 후 5~7일간 시설 내를 밀폐시켜 고온으로 시설 내 해충을 방제할 수 있으며, 겨울철에는 작물재배가 끝난 다음 출입문이나 환기구를 열어놓아 시설 내의 해충을 저온에 노출시켜 죽이는 방법이 효과적이다.

〈그림 10-24〉 오이총채벌레 성충(왼쪽) 및 피해 감자(오른쪽)

선충류(Nematodes)

대부분의 선충은 크기가 작아서 육안으로 관찰하기가 쉽지 않다. 따라서 재배지에서 선충 피해라고 규정하기 위해서는 식물체에 나타나는 증상을 보고 판단해야 하는데, 발생 초기에 뚜렷한 증상을 보이지 않아서 막대한 피해를 초래하는 경우가 많다. 세계적으로 감자시스트선충(*Globodera spp., Golden nematode*)이 가장 큰 피해를 주지만 다행히 우리나라에는 분포하지 않는다. 현재 약 14종의 선충이 국내의 감자에 발생하는 것으로 보고되었지만, 뿌리썩이선충(*Pratylenchus spp.*)을 제외하고는 대부분 피해가 크지 않다.

가. 피해 증상

뿌리썩이선충은 내부 기생체이므로 뿌리조직 피층 내에 선충이 많이 분포하면 암갈색 괴저병무늬(병반)가 생긴다. 이에 따라 감자 지상부가 초기에 말라 죽는 풋마름 증상을 보인다. 감자 덩이줄기의 경우, 표면에 적갈색으로 부풀어 오른 혹 같은 돌기가 오돌도돌 생겨서 상품성을 떨어뜨린다. 또한 선충에게 직접적인 피해를 입은 뿌리의 상처 부위로 세균이나 곰팡이가 쉽게 침입하여 이차적 피해를 주기도 한다.

나. 발생 생태

뿌리썩이선충은 약 400여 종의 작물을 침입하는 것으로 알려져 있다. 암컷은 수정 후 뿌리 내에 또는 토양 속에 산란한다. 보통 기온에 따라 다르지만 1세대를 완료하는 데 30~50일이 소요된다. 증식의 적온은 24~25℃이며, 토양 온도 15℃에서 뿌리 내에 침입이 활발하게 이루어진다. –20℃에서도 수일간 생존이 가능하다. 뿌리 속에서 성충 4령이나 알로 월동하며 토양은 pH 5.2~6.4에서 잘 번식한다.

다. 방제법

토양 소독은 효과적이기는 하지만 방제 비용과 노력이 많이 들어서 권장하지 않는 추세이며, 재배적 방제법이 오히려 효과적이다. 태양열 소독은 PE필름하우스를 여름철 고온기에 유기물, 담수 등으로 처리한 후 PE필름으로 완전 밀폐시켜 토양 중의 선충 등 병해충을 방제하는 물리적 수단이다. 유기물 시용도 좋은 효과를 나타내는데, 퇴비가 많으면 많을수록 선충의 이동이 장해를 받기 때문이다. 밭에 기생하는 뿌리썩이선충은 침수 상태에서 장기간 생존이 불가능하기 때문에 논밭돌려짓기(답전윤환)가 가능한 재배지에서는 선충방제 방법으로 활용할 수 있다. 외국에서는 수미나 남작보다 대서가 선충에 강하다고 알려져 있다. 재배지 주변의 잡초는 선충의 기주가 되므로 철저한 잡초 방제가 필요하며, 씨뿌리기 전에 토양 시료를 채취하여 선충의 밀도를 확인하는 작업도 필요하다. 토양 100g당 선충 20마리가 있으면 위축 증상이 발생하고 60마리 정도이면 35%의 수량 감소를 초래한다.

06 잡초

감자밭 잡초

감자재배 시 제초작업을 전혀 하지 않을 경우의 수량 감소는 48% 정도로 벼 직파재배나 유채재배 다음으로 감수량이 많다. 감자밭에 발생하는 잡초종은 연도에 따라 다른데, 대관령 지역에서 1960년대에 문제가 되었던 잡초는 화본과인 피, 둑새풀, 바랭이 등과 광엽잡초인 명아주, 닭의장풀, 여뀌, 쇠비름, 냉이, 질경이 등이었다. 최근 조사에서도 이와 비슷한 초종의 분포를 보였는데, 피를 비롯하여 명아주, 미국가막사리, 민들레, 여뀌, 산여뀌, 닭의장풀 등이 많이 발생하고 있다.

방제법

감자를 심기 전에 땅을 깊이 갈아 잡초씨의 발아를 억제하거나, 재배 면적이 적은 경우에는 북을 주면서 잡초를 뽑아준다. 검은색 PE필름으로 멀칭을 하면 잡초방제에 드는 노동력을 절감할 수 있다.

효과적으로 감자밭을 관리하기 위해서는 먼저 발생하는 잡초의 종류를 파악해야 한다. 잎이 넓은 광엽성 잡초가 많이 발생하는 밭이면 제초제로 비교적 쉽게 방제할 수 있어서 큰 문제가 되지 않는다. 그러나 볏과 잡초가 많이 발생하면 경엽처리형 제초제를 살포해도 좋고 재배지에서 손제초하는 것 또한 효과적이다. 볏과 잡초가 씨앗을 맺기 전에 손으로 뽑아주면 이듬해 발생하는 잡초의 밀도를 현저히 줄일 수 있다.

감자밭의 제초작업은 노동력의 30% 이상을 차지하므로 농촌 노동인구의 감소에 따라 생력 제초 및 기계화 제초 방향으로 나아가야 하고, 이를 위해서는 제초제의 사용이 필수적이다. 이미 발생 중인 잡초들과 더불어 외래잡초종의 유입과 발생 면적이 점차 늘어가고 있는 추세이므로 제초 효과가 좋으며 선택성이 높은 안전한 제초제를 선발하여 적기에 처리하지 않으면 막대한 피해를 볼 우려가 있다.

제초제

제초제는 제초 효과가 우수하고 사용하기 쉬운 반면, 작물에 약해를 일으키는 위험성 때문에 사용지침서에 따른 철저한 사용법, 특히 살포 시기, 살포량, 적용 잡초 등을 잘 지켜야만 한다.

펜디메탈린 성분을 함유한 제초제의 경우 씨감자 파종 후 3일 이내에 제초제를 처리해야 하지만, 여러 가지 작업상의 문제와 기상 조건에 따라 감자의 싹이 지상부로 출현할 즈음에 살포하면 모자이크바이러스병과 유사한 약해 증상이 나타나므로 철저한 주의가 필요하다.

제10장 감자 병해충과 방제

▶ 곰팡이병

- 감자역병 : 감자 재배지에서 해마다 발병하며 수확량을 감소시키는 등 심각한 피해를 초래하는 병해 중 하나로, 아랫잎에서 황색 혹은 진한 녹색 반점이 나타나고 나중에는 갈색 또는 검은색 반점을 띤 병무늬(병반)를 남긴다.

- 시들음병 : 감자를 재배하는 전 지역에서 발생하는 토양 전염성 병으로 생육 중 고온 건조한 환경이 지속될 경우 대부분의 재배지에서 발생한다. 볏과 작물, 목초 또는 콩과 작물을 돌려짓기하고 습기가 많고 물 빠짐이 나쁜 밭을 피하여 재배하고, 재배 중에 물 빠짐이 잘되게 하고 병에 걸린 식물체는 불에 태운다.

▶ 세균병

- 무름병 : 감자가 재배되는 곳에서는 어디서나 발생하며 문제를 유발한다. 수확한 감자를 선별하고 저장할 때 세균은 병에 걸린 괴경에서 건전한 괴경으로 상처를 통하여 쉽게 전파되므로 기계적인 상처의 발생을 최소화하여야 한다.

- 풋마름병 : 온난화로 인해 최근 발생이 늘고 있다. 약제방제가 불가능하므로 3년 이상 다른 작물과 돌려짓기를 해야 한다.

▶ 바이러스병

- 감자바이러스Y : 매개충인 진딧물에 의해서 전염되며 품종에 따라 증상이 다르다. 10~30% 정도의 수량 감소를 초래한다.

- 담배얼룩바이러스 : 괴경 내부 육질에 활모양의 괴저반점이 생기거나 덩이줄기 표면에서도 비슷한 증상이 나타난다.

- 감자잎말림바이러스 : 진딧물에 의해 전염되며 아랫잎이 말리는 증상을 보이고 가장 높은 수량 감소를 초래한다.

▶생리장해

- 중심공동 : 질소질 비료를 많이 주거나 온도가 높고 습도가 높을 때와 불안정한 기상환경 시 발생하며, 일반적으로 비료를 적당히 주고, 북을 충분히 주며 일정한 생장이 가능하도록 토양 수분을 적절하게 조절해줘야 한다.

- 내부 갈색반점 : 감자를 잘라보면 크고 작은 불규칙한 갈색반점이 다수 산재되어 나타난다. 토양의 수분을 일정하게 유지하기 위하여 퇴비를 충분히 사용하고 괴경의 급격한 비대를 억제하면 발생을 줄일 수 있다.

▶충해

- 복숭아혹진딧물 : 우리나라뿐만 아니라 일본, 중국 등 아시아와 유럽, 미국 에 매우 광범위하게 분포되어 있으며, 일단 진딧물이 감자밭에 날아들기 시작하면 빠른 속도로 증식하므로 이에 따른 감자 바이러스병의 만연이 우려된다. 따라서 씨감자 재배지에서의 진딧물 방제는 초기 방제 시 주의를 기울여야 한다.

- 감자뿔나방 : 세계적인 감자의 주요 해충으로 온난화와 더불어 전국에서 발생한다. 생육 중에는 물론 저장 시에 더 큰 문제가 된다. 수확 후 저온 저장을 하거나 페로몬트랩을 이용하고 씨감자의 경우 약제처리 등의 방제법을 사용한다.

▶잡초

- 감자밭 잡초 : 감자재배 시 제초작업을 전혀 하지 않을 경우 수량 감소는 48% 정도로 벼 직파재배나 유채재배 다음으로 감수량이 많다. 감자를 심기 전에 땅을 깊이 갈아 잡초씨의 발아를 억제하거나, 재배 면적이 적은 경우에는 북을 주면서 잡초를 뽑아준다.

제11장
감자로
만든 음식

감자에는 아름다운 피부를 유지시켜주고 노화를 방지해주는 비타민 C가 풍부하게 들어 있으며, 생감자 100g당 약 450mg의 칼륨이 함유되어 있다. 이 외에도 비만, 성인병, 변비 예방에 효과적이다. 영양이 풍부한 감자는 어떤 요리 재료와도 잘 어울리며, 감자를 이용해서 만들 수 있는 요리 또한 무궁무진하다.

1. 감자의 영양적 가치
2. 감자를 이용한 요리

감자의 영양적 가치

비타민의 왕

감자는 비타민 C가 풍부해 아름다운 피부를 유지시켜주고 노화를 방지해주며 항염증, 항산화 효과[*]가 탁월하다. 또한 비타민 C는 철분과 결합하여 장에서의 흡수를 돕기 때문에 감자는 빈혈을 방지하는 데 효과가 매우 커서 산모들에게 좋은 식품이다. 100g짜리 감자 1개에 함유된 비타민 C 함량은 평균 36mg으로 사과의 6배에 이른다. 이런 이유로 프랑스 사람들은 감자를 '땅속의 사과'라고 부른다.

채소류에 들어 있는 비타민은 뜨거운 물에 살짝 데치기만 해도 많은 양이 파괴되지만, 감자는 찌거나 삶아도 비타민 C의 손실이 크지 않다. 이는 감자에 열을 가하더라도 감자의 전분입자들이 막을 형성해 비타민 C의 파괴를 막아주기 때문이다. 이러한 이유로 하루에 감자 2개만 삶거나 쪄먹어도 성인 일일 비타민 C 권장량을 섭취할 수 있다. 농촌진흥청에서는 열을 가해 조리를 하더라도 비타민 C 손실이 적은 새로운 감자 품종을 개발하고 있다. 현재까지 약 10개의 계통을 선발하여 정밀평가진행하고 있는데, 전자레인지에서 조리했을 때에는 88.9%, 물에 삶았을 때에는 58.1%의 비타민 C가 소실되지 않고 남아 있는 것으로 나타났다.

> **Tip**
> 항산화 작용[*]
> 우리 몸의 노화나 세포 손상, 질병의 주요 원인으로 알려진 활성산소의 생성을 억제하는 것

비타민 C 외에도 감자에 포함되어 있는 비타민 B_1은 사과의 10배, 쌀의 2~3배, 비타민 B_2, B_3는 사과나 쌀의 3배를 함유하고 있다. 특히 비타민 B_1은 탄수화물의 소화, 흡수에 관여하는 비타민으로 탄수화물을 많이 섭취하는 한국인에게는 필수적인 식품이다.

고혈압 예방

감자는 칼륨함량이 높다. 김치류, 장류 등 소금이 많이 포함된 한국인의 식품 특성상 소금의 과잉섭취는 성인병의 중요한 요인이 되고 있다. 생감자 100g에는 약 450mg의 칼륨이 함유되어 있는데, 이는 바나나 350mg, 배추 210mg, 토마토의 230mg보다 훨씬 많다. 칼륨은 우리 혈액 속에 과잉으로 집적된 나트륨(소금) 성분을 몸 밖으로 배출시켜 주는 펌프 역할을 하여 고혈압 등 성인병을 예방해준다.

다이어트 식품

감자는 유용한 복합 탄수화물의 원천인데, 에너지를 서서히 방출하고, 버터를 바르지 않으면 살찌게 하는 열량은 밀의 5%에 불과하다. 감자 100g당 열량은 76kcal로 같은 양의 쌀밥 148kcal의 절반에 불과하여 낮은 열량으로도 포만감이 있어 비만도 예방하고 날씬한 몸매도 유지할 수 있는 우수한 다이어트 식품이다. 감자는 옥수수보다 단백질함량이 많고, 칼슘도 거의 두 배에 가깝다.

감자는 완전식품이라는 달걀과 우유에 준하는 영양분을 가지고 있는데, 감자를 먹고 살이 쪘다면 그것은 감자 때문이 아니라 감자구이에 넣은 버터, 감자튀김의 지방 그리고 함께 먹은 탄산음료 때문이다.

변비 예방

생감자 100g에는 약 2g의 식이섬유가 포함되어 있다. 감자의 전분 중에는 조리나 가공과정에서 좀 더 안정된 구조를 이루어 가수분해*가 되지 않는 전분 형태가 존재하는데 이러한 형태의 전분도 식이섬유의 역할을 하는 것으로 알려져 있다. 특히 감자의 식이섬유는 장 내에서 쉽게 소화되지 않아 포만감을 주어 식사량을 줄여주기 때문에 다이어트에 좋다. 또한 장 속의 좋은 세균의 활동을 증가시키고 장의 연동운동을 촉진시켜 음식의 노폐물을 쉽게 통과시키는 역할을 함으로써 변비를 예방해 준다.

파이토케미컬(천연생리활성)

예로부터 감자는 가벼운 화상, 전염성 농가진, 습진, 풀독, 타박상을 치료하는 데 민간요법으로 쓰여 왔다. 특히 감자생즙 요법은 위염이나 위·십이지장궤양 같은 위장병 치료에 탁월한 효과가 있다는 알려져 있다. 특히 최근에 개발된 홍색과 자주색 감자에 포함된 안토시아닌 성분은 항암활성과 항산화, 항염증 효과가 탁월하다. 풍부한 파이토케미컬**을 그대로 섭취하기에는 감자 생즙을 마시는 게 가장 좋다.

Tip

가수분해*
염이 물과 반응하여 산과 염기로 분해하는 반응이나, 다당류나 단백질 등의 중축합체가 단위체로 분해하는 반응

파이토케미컬**
식물 속에 들어 있는 화학물질로 식물 자체에서는 경쟁 식물의 생장을 방해하거나, 각종 미생물·해충 등으로부터 자신의 몸을 보호하는 역할 등을 한다.

성분	단위(100g당)	생감자	군감자	삶은감자	으깬감자+우유	찐감자	감자샐러드	감자칩	감자튀김
에너지	kcal	80	93	72	83	84	129	532	324
수분	%	78.1	75.4	81.0	81.0	78.1	76.0	2.1	38.0
단백질	g	1.5	2.0	1.7	1.9	1.9	2.7	5.5	4.0
지질	g	0.2	0.1	0.2	0.6	0.2	8.2	7.0	6.6
당질	g	18.5	21.2	16.0	17.2	18.6	10.8	51.3	38.8
섬유소	g	0.5	0.4	0.4	0.3	0.4	0.4	1.2	0.8
회분	g	1.2	1.0	0.7	1.5	0.8	2.0	2.9	1.9
칼슘	mg	3	5	4	216	5	19	17	19
인	mg	62	50	31	48	35	52	135	93
철	mg	1.6	0.4	0.5	0.3	0.5	0.7	1.8	0.8
나트륨	mg	3	5	2	303	2	529	259	216
칼륨	mg	420	391	250	299	330	254	999	732
비타민 A	(R.E)	0	0	0	6	0	33	2	0
비타민 B_1	mg	0.17	0.11	0.07	0.09	0.06	0.08	0.19	0.18
비타민 B_2	mg	0.04	0.02	0.03	0.04	0.02	0.06	0.03	0.03
나이아신	mg	1.2	1.4	1.0	1.1	1.2	0.9	4.0	3.3
비타민 C	mg	18	13	13	7	12	10	21	10

※ 자료 : 농촌생활연구소(www.rlsi.go.kr) 식품분석표

02 감자를 이용한 요리

밥류

가. 마파감자덮밥

주재료 : 감자 3개, 청피망 1/2개, 홍피망 1/2개, 양파 1/4개,
　　　　밥 4공기, 쇠고기다짐 60g

소　스 : 두반장 4큰술, 간장 1큰술, 소금 약간, 참기름 약간

조리법

① 감자 껍질을 벗겨 깍둑썰기하여
　끓는 물에 데쳐 놓는다.

② 청·홍피망과 양파를 다져 놓는다.

③ 쇠고기도 다진다.

④ 프라이팬에 식용유를 두르고 고기와 야채를 볶다가
　데친 감자를 넣고 볶는다.

⑤ ④에 마파소스(두반장, 간장, 소금, 참기름)를 넣어 끓인다.

⑥ 접시에 밥을 담고 ⑤의 소스를 끼얹어 완성한다.

나. 감자볶음밥

주재료 : 밥 4공기, 감자 200g, 당근 100g, 피망 3/4개, 다
　　　　진 쇠고기 100g, 굵은 파 1/2뿌리, 표고버섯 3장,
　　　　완두콩 약간, 식용유 약간

소　스 : 마늘 4큰술, 다진 생강 1큰술, 간장 약간, 깨소금
　　　　약간, 참기름 약간, 후춧가루 약간, 소금 약간

조리법

① 밥은 고슬고슬하게 지어 미리 준비해 놓는다.

② 감자, 당근, 피망을 채썰고 감자는 두세 번 씻어 건진다.

③ 쇠고기, 표고버섯은 채썰어 양념한다.

④ 프라이팬에 식용유를 두르고 생강, 마늘을 넣어 볶아 향이
우러나면 양파, 고기, 표고버섯을 넣어 볶다가 당근, 감자, 피망, 완두콩을 넣고 간
하여 볶는다.

⑤ ①에다 밥을 넣고 볶으면서 간을 하여 볶음밥을 만든다.

튀김류

가. 감자 크로켓

주재료 : 감자 4개, 양파 1개, 샐러리 50g, 곱게 간 쇠고기 100g, 당근 30g, 밀가루
1/3컵

소 스 : 빵가루 1/2컵, 달걀 1개, 버터 1큰술, 소금 약간, 후추 약간, 튀김가루 약간

조리법

① 감자 껍질을 벗겨 큼직하게 썰어서 물을 붓고 소금을 넣어 삶는다.

② ①의 감자가 다 삶아지면 물을 따라버리고 뜨거울 때 체에 내린다.

③ 양파, 당근, 샐러리, 쇠고기는 곱게 다져서 팬에 기름을 두르고 볶는다.

④ 체에 내린 감자와 볶아놓은 양파, 당근, 샐러리, 쇠고기를 잘 섞은 후 소금, 후추로
간을 한다.

⑤ ④를 알맞은 크기로 빚어 밀가루, 달걀물, 빵가루 순서로 튀김옷을 입혀 180℃의
튀김전용기름에 튀겨낸다.

나. 소시지 포테이토 크로켓

주재료 : 감자 4개, 비엔나소시지 20개, 소금 약간, 후춧
　　　　가루 약간, 밀가루 약간, 튀김기름 적당량, 머스
　　　　터드소스(토마토소스)

튀김옷 : 밀가루 4큰술, 빵가루 1컵, 달걀 푼 것 2개

조리법

① 감자는 껍질을 벗겨내고 잘게
　 썰어서 냄비에 담고 물을 부어
　 삶는다.

② 감자가 익으면 물을 따라 내고
　 다시 불에 올려서 하얀 가루가 나도록 삶는다.

③ 삶은 감자를 부드럽게 으깬 다음 소금과 후춧가루를
　 넣어 간을 한다.

④ 으깬 감자를 넓게 펴고 속에 소시지를 넣고 감싼다.

⑤ 소시지를 넣은 감자에 밀가루, 계란, 빵가루 순으로 튀
　 김옷을 입힌다.

⑥ 180℃의 튀김기름에 노릇하게 튀긴 후 건져내어 기름
　 기를 뺀다.

⑦ 머스터드소스나 토마토케첩을 곁들여 낸다.

전류

가. 감자전

주재료 : 감자 2개, 호박 50g, 당근 30g, 표고버섯 2장,
　　　　소금, 식용유 약간

초간장 : 간장 2큰술, 식초 1큰술, 설탕 1작은술

조리법

① 감자는 껍질을 벗기고 깨끗이 씻은 다음 물에 30분 정
　 도 담가둔다. 물이 담긴 그릇에 강판을 걸쳐놓은 뒤 감
　 자를 곱게 간다. 체에 면보를 깔고 갈아놓은 감자 건더

기를 걸러서 살짝 짜고 물은 잠깐 놓아두어 녹말 앙금을 가라앉힌다.

② 감자의 녹말 앙금이 가라앉으면 윗물은 살짝 따라 버린다.

③ 감자의 건더기와 가라앉은 녹말 앙금을 섞는다.

④ 호박과 당근은 씻어 다듬고 곱게 채썬다.

⑤ 마른 표고버섯은 미지근한 물에 불려서 기둥을 떼고 곱게
채썬다.

⑥ ③, ④, ⑤를 섞은 다음 프라이팬에 식용유를 넉넉히 두르고 한 숟갈씩 떠서 앞뒤
로 노릇노릇하게 지진다.

⑦ 간장, 식초, 설탕을 고루 섞어 초간장을 만든 다음 노릇하게 지진 감자전에 곁들
여 낸다.

나. 감자깻잎전

주재료 : 감자 150g, 간 쇠고기 30g, 깻잎 8장, 밀가루 1/4컵, 달걀 1개

부재료 : 다진 파, 마늘 1큰술, 깨소금, 참기름 약간, 소금, 후춧가루 약간, 식용유
　　　　3큰술

조리법

① 깻잎은 연하고 작은 것으로 깨끗이 씻어 놓는다.

② 감자는 강판에 갈아 소금을 넣고 체에 밭쳐 수분을 제거
한다.

③ ②의 감자에 간 쇠고기, 다진 파, 마늘, 깨소금, 후춧가루,
참기름을 넣어 양념한다.

④ 깻잎 표면에 밀가루를 묻히고 ③의 속을 넣어 반으로 접어서 반달 모양처럼 만든다.

⑤ ④의 깻잎에 밀가루를 묻혀 풀어놓은 달걀물을 묻혀 노릇노릇하게 지져 낸다.

⑥ 초간장을 곁들여 낸다.

다. 감자쌍합전

주재료 : 감자(작은 것) 3개, 쇠고기 다진 것 100g, 다진
파 1/2큰술, 다진 마늘 1작은술

부재료 : 설탕, 소금, 후추, 깨소금, 참기름, 밀가루, 달걀,
쑥갓, 식용유 약간

조리법

① 감자는 작고 둥근 것을 골라 0.5cm
두께로 썰어 모서리를 정리한 다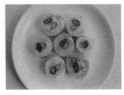
음 끓는 물에 살짝 삶는다.

② 다진 쇠고기에 파, 마늘, 설탕,
소금, 후추, 깨소금, 참기름을 넣고 고루 양념한다.

③ 삶은 감자는 물기를 없애고 밀가루를 묻힌 후 ②의 고
기를 바르고 샌드위치 모양으로 감자를 다시 맞붙인다.

④ ③의 감자에 밀가루, 달걀 순으로 옷을 입혀 달궈진 팬
에 기름을 두르고 지진다.

⑤ ④의 감자 밑면이 노릇하게 지져지면 감자 윗면에 쑥갓
을 올려 살짝 익혀 낸다.

라. 스팸감자전

주재료 : 스팸 1통, 감자 4개, 밀가루 반 컵

부재료 : 달걀 1개, 대파 1뿌리, 소금 약간

조리법

① 감자는 껍질을 벗겨 찬물에 잠
깐 담가 전분을 뺀다.

② 감자를 강판에 간다.

③ 잠깐 가라앉혀 윗물을 따라 낸다.

④ 스팸과 파는 곱게 채썬다.

⑤ 간 감자, 스팸, 파, 밀가루, 달걀, 소금을 섞어 반죽을
완성한다.

⑥ 프라이팬에 식용유를 두르고 한 국자씩 떠서 지져 낸다.

서양 음식

가. 또띠아

주재료 : 감자(중간크기) 3개, 달걀 4개, 양파 반 개, 파슬리 다진 것 20g

소스 : 버터, 식용유, 케첩 적당량, 소금, 후춧가루 약간

조리법

① 감자는 껍질을 벗겨 삶거나 쪄놓는다.

② 양파는 얇게 저며 프라이팬에 투명할 때까지 볶는다.

③ 계란은 넓은 볼에 잘 저어 풀어 놓는다.

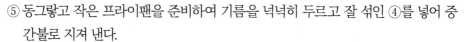

④ 삶은 감자는 얇게 저며 ②와 함께 ③에 넣어 잘 섞은 후 소금
으로 간을 한다.

⑤ 동그랗고 작은 프라이팬을 준비하여 기름을 넉넉히 두르고 잘 섞인 ④를 넣어 중
간불로 지져 낸다.

나. 감자 컵구이

주재료 : 감자 600g, 버터 4큰술, 우유 반컵, 치즈가루 1컵, 밀가루 1컵

소스 : 달걀노른자 1개, 설탕 2큰술, 소금 1/3작은술, 건포도 약간

조리법

① 감자는 큼직하게 썰어 30분쯤 물에 담갔다가 찐다.

② 냄비에 버터를 녹이고 찐감자를 저어 곱게 으깨면서 우유,
밀가루, 달걀노른자를 넣어서 고르게 섞는다.

③ 쿠킹호일컵에 녹인 버터를 얇게 바른 다음 오븐틀에 넣는
다. 틀이 없으면 감자가 구워지는 과정에서 모양이 퍼져버린다.

④ ②를 튜브에 넣어 ③의 틀에 2/3가량 넣고 건포도 1개를 올린다.

⑤ 180℃로 예열된 오븐에 넣어서 10분 정도 구우면 윗면이 노릇하게 구워진다.

다. 독일식 감자구이

주재료 : 감자 600g, 양파 50g, 차이브 20g

소 스 : 버터, 소금 약간

조리법

① 감자는 깨끗이 씻어서 소금을 약간 넣은 물에 껍질째 넣고 삶는다.

② 삶은 감자는 껍질을 벗기고 차게 식힌 다음 0.5cm 두께로 둥글게 썬다.

③ 양파와 차이브는 각각 곱게 다진다.

④ 프라이팬에 버터를 넉넉히 녹인 다음 감자를 노릇노릇하게 굽는다.

⑤ ④에 양파 썬 것을 넣고 갈색이 날 때까지 함께 굽는다.

⑥ 다 구워지면 버터를 더 넣고 섞은 다음 차이브를 뿌려 낸다.

라. 스위스풍 감자구이

주재료 : 감자 4개, 양파 1개, 소금 1작은술, 후춧가루 적당량, 녹말가루 1큰술

부재료 : 밀가루, 부침가루 약간, 달걀 1개, 실파 5뿌리, 식용유 적당량

조리법

① 감자는 먼저 3개는 끓는 물에 통째로 삶아 으깨고, 1개는 곱게 채썰어 찬물에 헹군다. 양파는 다지고 실파는 송송 썬다.

② 볼에 으깬 감자와 ①의 양파, 실파, 달걀을 넣고 섞은 다음 부침가루로 농도를 맞춘다. 소금, 후춧가루로 간을 한다.

③ 곱게 채썬 감자는 물기를 닦고 녹말가루를 살짝 불린 다음 여분의 가루를 털어준다.
　　반죽을 1cm 이하 두께로 둥글게 만들어 밀가루, 달걀물, 감자채 순으로 묻힌다.
④ 팬에 기름을 두르고 약한 불에서 노릇하게 지져 낸다.

국 및 전골류
가. 감자국
주재료 : 감자 4개, 표고버섯 4장, 대파 1/2줄기

양념 : 다진 마늘 1작은술, 고추장 1큰술, 고춧가루 1작은술, 소금, 국간장 약간

다싯물 : 다시다 1장, 멸치 30g, 물 2컵

조리법

① 다시마, 멸치는 찬물에서부터 은근히 끓여 다싯물을 만든다.

② 감자는 도톰하게 썰어 찬물에 담근다.

③ 대파, 표고버섯은 굵직하게 썰고 마늘은 다진다.

④ 다싯물에 고추장을 풀고 충분히 끓인다.

⑤ 준비한 다싯물이 끓기 시작하면 썰어놓은 감자, 표고버섯을 넣고 푹 끓인다.

⑥ 감자가 거의 다 익어가면 다진 마늘과 썰어놓은 대파를 넣는다.

⑦ 고춧가루, 국간장, 소금을 넣어 간을 맞추어 마무리한다.

나. 감자 쇠고기전골
주재료 : 감자 200g, 쇠고기(우둔살) 100g, 당근 50g, 미나리 70g, 호박 50g, 달걀
　　　　2개, 실파 2줄기

부재료 : 육수 3컵, 쑥갓 적당량, 소금, 설탕, 참기름 각 1/2작은술, 파, 다진 마늘, 국
　　　　간장, 후춧가루 약간씩

조리법

① 감자는 껍질을 벗겨 두께 5mm, 지름 3cm로 동그랗게 썬다.

② 프라이팬에 기름을 두르고 감자를 넣고 쑥갓을 얹어 지진다.

③ 쇠고기는 잘게 다져 파, 마늘, 소금, 설탕, 참기름, 후춧가루
　　로 간을 한 다음 한입 크기로 완자를 만든다.

④ 달걀은 너무 얇지 않게 지단을 부친다.

⑤ 달걀 지단, 당근, 미나리, 호박은 가로 1.5cm, 세로 5cm의 골패 모양으로 썬다.

⑥ 냄비에 ⑤의 재료를 가지런히 담는다.

⑦ ②의 감자와 ③의 쇠고기 완자를 보기 좋게 얹는다.

⑧ 육수를 붓고 끓이다가 소금, 국간장으로 간을 한다.

다. 감자 고추장찌개

주재료 : 감자 3개, 물 4컵, 풋고추 2개, 대파 1뿌리

부재료 : 다진 마늘 1큰술, 고추장 4큰술, 된장 1큰술,
　　　　 소금 약간

조리법

① 감자는 깨끗이 씻어 껍질을 벗기
　 고 적당한 크기로 썬다.

② 풋고추, 대파는 어슷하게 썰고,
　 쇠고기는 편으로 얇게 썬다.

③ 감자, 쇠고기, 물, 고추장, 된장을 냄비에 넣고 끓인다.

④ 끓어 익으면 거품을 걷어 낸다.

⑤ 감자가 푹 익으면 풋고추, 대파, 다진마늘, 소금을 넣고
　 간을 맞춘다.

반찬류

가. 알감자조림

주재료 : 알감자 60g, 간장 3큰술, 물엿 1큰술, 설탕 2/3큰
　　　　 술, 맛술 1/4큰술

부재료 : 참기름, 후춧가루, 깨소금 약간, 물 1/2컵

조리법

① 알감자의 껍질을 깨끗이 씻는다.

② 씻어낸 알감자를 소금 넣은 물
　 에 한번 끓여 낸다.

③ 간장, 물엿, 설탕, 미림, 참기름,

후춧가루, 깨소금, 다진파, 물을 냄비에 넣고 알감자를 넣어 끓인다.

④ 알감자가 어느 정도 익으면 불을 줄여서 윤기 나게 조린다.

나. 비엔나 감자케첩조림

주재료 : 비엔나소시지 50g, 감자 70g, 양파 20g, 피망 1/4개, 식용유 약간

부재료 : 고춧가루 1작은술, 토마토케첩 3큰술, 우스터소스(간장) 1작은술, 설탕 1작
　　　　은술, 물 3큰술

조리법

① 비엔나소시지는 사선으로 칼집을 넣는다.

② 감자는 먹기 좋은 크기로 얇게 썬 후 물에 헹구어 놓는다.

③ 양파, 피망도 2~3cm의 크기로 썬다.

④ 팬에 식용유를 두르고 감자, 비엔나소시지를 먼저 볶은 후 양
　　파, 피망도 볶아 낸다.

⑤ 냄비에 식용유를 두르고 고운 고춧가루를 넣고 나무주걱으로 볶은 후 토마토케
　　첩, 설탕, 우스터소스(간장), 물을 넣어 끓인다.

⑥ ⑤에 ④의 재료를 넣고 조린다.

다. 감자찜

주재료 : 감자 300g, 쇠고기 200g, 당근 100g, 대파 1/2뿌리, 표고버섯 중 3개, 양파
　　　　소 3개, 물 3/4~1컵

부재료 : 간장 4큰술, 설탕 1큰술, 다진 파 1/2큰술, 깨소금, 후추, 참기름 약간

조리법

① 감자는 작은 햇감자를 통째로 껍질을 벗겨 씻어 놓는다.

② 쇠고기는 결 반대 방향으로 얇게 저며 썰어 놓는다.

③ 간장에 다진 파, 마늘, 깨소금, 설탕, 후추, 참기름을 넣어
　　양념장을 만든다.

④ 고기에 ③의 양념장(2큰술 정도)을 넣어 고루 무쳐 놓는다.

⑤ 당근은 감자와 같은 크기로 썰고 양파, 대파는 큼직하게 썰어 놓는다.

⑥ 표고버섯은 물에 불려 부드럽게 한 후 작은 것은 그대로, 큰 것은 썰어 사용한다.

⑦ 냄비에 기름을 넣고 양념한 ④의 고기를 볶다가 감자, 당근, 표고를 넣어 다시 볶은 후 물을 자작하게 붓고 뚜껑을 덮어 익힌다.

⑧ 감자가 어느 정도 익으면 나머지 양념간장을 붓고 양파와 대파를 넣어 뚜껑을 열어 놓고 다시 익힌다. 윤기가 나도록 찜하여 참기름을 넣고 고루 섞는다.

⑨ 찜그릇에 감자찜을 보기 좋게 담는다.

생감자즙 만들기

재료

- 품종의 선택

  식물 기능성물질이 풍부한 자주색 감자인 자영이나 붉은색 감자인 홍영이 좋다.

- 감자의 선택

  감자는 대체로 100g 이상 되는 큰 감자가 좋다. 큰 감자는 솔라닌함량이 상대적으로 적고 미네랄이 많기 때문이다. 단, 싹이 난 감자, 햇빛에 노출되어 껍질이 녹색으로 변한 감자는 사용하지 않는다.

조리법

① 감자눈을 파내고 껍질을 벗긴다.

② 강판 또는 믹서기에 갈아낸 다음 체나 거즈를 이용하여 감자즙을 짜낸다.

※ 감자 생즙은 아침과 저녁 식사 30분 전에 속이 빈 상태에서 마시는 것이 좋으며, 한 번에 약 150mL 정도가 적당하다. 감자의 비릿한 맛이 거북한 사람은 감자즙을 낼 때 사과, 배, 바나나 같은 과일이나 꿀, 요구르트 같은 것을 적당히 첨가하면 한결 먹기 쉽다.

제11장 감자로 만든 음식

▶ 프랑스 사람들이 '땅속의 사과'라고 부르는 감자는 항염증, 항산화 효과가 탁월하다. 감자에 함유되어 있는 비타민 C는 철분과 결합하여 장에서의 흡수를 돕기 때문에 빈혈을 방지하는 데 효과가 매우 커서 산모들에게 좋다.

▶ 감자 100g당 열량은 76kcal로 같은 양의 쌀밥 148kcal의 절반에 불과하여 낮은 열량으로도 포만감이 있어 비만도 예방하고 날씬한 몸매도 유지할 수 있는 우수한 다이어트 식품이다.

▶ 감자의 식이섬유는 장 내에서 쉽게 소화되지 않아 포만감을 준다. 이는 식사량 조절에 도움을 주어 다이어트에 좋다.

▶ 예로부터 감자는 가벼운 화상, 전염성 농가진, 습진, 풀독, 타박상을 치료하는 데 민간요법으로 쓰여 왔다.

▶ 감자로 만들 수 있는 요리는 무한대다. 마파감자덮밥, 김치볶음밥 등에도 잘 어울리고, 감자크로켓, 감자전 같은 튀김이나 구이, 조림 등 여러 조리법에 적용이 가능하다.

MEMO

감자 재배

1판 1쇄 인쇄 2024년 09월 05일
1판 1쇄 발행 2024년 09월 10일
저   자 국립식량과학원
발 행 인 이범만
발 행 처 **21세기사** (제406-2004-00015호)
　　　　　경기도 파주시 산남로 72-16 (10882)
　　　　　Tel. 031-942-7861　　　Fax. 031-942-7864
　　　　　E-mail : 21cbook@naver.com
　　　　　Home-page : www.21cbook.co.kr
　　　　　ISBN 979-11-6833-161-7

정가 30,000원